KB158587

Issue
No.18 JEJU
—

우도
비양도
마라도
가파도

WRITER
이지앤북스 편집팀

찻잎을 따는 눈썰미로 글을 고르고, 천천히
그에 맞는 무게와 양감, 표정과 자세를
지어낸다. 다작하지 못하고, 당장의 이익이
크지는 않더라도 권권이 좋은 책을, 내일
부끄럽지 않은 책을 만들어가고 있다.

Tripful = Trip + Full of
트립풀은 '여행'을 의미하는 트립TRIP이란
단어에 '~이 가득한'이란 뜻의 접미사
풀-FUL을 붙여 만든 합성어입니다. 낯선
여행지를 새롭게 알아가고 더 가까이 다가갈
수 있도록 도와주는 여행책입니다.

※ 책에 나오는 지명, 인명은 외래어 표기법 및
통용 표현을 따르되 경우에 따라 발음에 가깝게
표기했습니다.

※ 잘못 만들어진 책은 구입한 곳에서 교환해 드립니다.

EDITOR'S LETTER

제주. 이 도시의 이름만으로 저마다 떠오르는
추억, 이미지가 있습니다. 친구들과 함께
떠난 수학여행지, 사랑하는 이와 함께했던
신혼여행의 시간, 가족과의 행복했던 추억
여행지. 이렇듯 제주에 저마다 하나쯤은 소중한
기억, 아름다웠던 추억이 깃들어 있습니다.

제주의 조그마한 마을에서 까만 하늘을
바라보면 보이는 무수히 많은 별들, 제주의 넓고
넓은 바다에서 헤엄치며 노는 돌고래들, 따스한
햇살 아래 시원한 바닷바람을 맞으며 걷는
시간들. 제주의 골목골목, 시간 하나하나까지가
추억이 되고, 행복한 시간을 가져다줍니다.

켜켜이 쌓여가는 추억에 또 다른 추억을
사람들에게 선물하기 위해 제주는 지금 다양한
변화를 겪고 있습니다.

<트립풀 제주>는 변화의 소용돌이 안에서
정체성을 찾아가는 그들의 이야기와 공간을
담기 위해 노력했습니다. 버려진 공간에 새로운
이야기를 불어 넣어 재탄생 시킨 공간부터
제주의 자연을 오롯이 품고 있는 섬들, 그리고
푸르른 숲과 에메랄드빛 바다를 즐길 수
있는 방법까지. 다양한 시선으로 제주의 공간
하나하나를 느낄 수 있도록 고심해 이 책에
담았습니다.

더 깊게, 더 넓게 제주를 바라볼 수 있는 <트립풀
제주>를 통해 온전히 제주를 느낄 수 있길
바랍니다.

황정윤

CONTENTS

137

EAT UP

100

LIFESTYLE & SHOPPING

PLACES TO STAY

PLAN YOUR TRIP

MAP

Geumneung Beach 금능해수욕장

PREVIEW
:ABOUT JEJU

오랜 시간 섬을 지켜온 로컬들과 여유를 찾아온 여행자들이 어우러지면서 새로운
색깔이 덧입혀지고 있는 제주. 수많은 이의 시간이 쌓이고, 다양한 관계가 얽혀
만들어진 제주의 '지금'을 들여다보자.

PREVIEW

NEW GENERATION'S JEJU

제주의 지금 : 뉴 제너레이션

2010년 약 55만 명이었던 제주의 인구는 2022년 67만 명으로, 10년 만에 무려 12만 명 이상 증가했다. 독자적인 문화를 가지고 살아가던 제주 사람들은 이제 '육지 것'이라고 지칭되는 문화들을 받아들이며 공생하는 방법을 고안한다. 반대로 이주민들은 그대로의 제주를 아끼며 로컬과 상생하기 위해 노력한다. 제주는 이제 새로운 시대를 맞이했다.

01.
제주에 살면 마주하는 것들

사면이 바다이자 360여 개의 오름이 자리하고
언제든 숲과 휴양림을 산책할 수 있는 곳.
제주에 살면 매일 아름다운 자연을 마주하며
살 것이라 예상한다. 이는 사실이지만 전부는
아니다. 제주에 살면 자연뿐만 아니라 그동안
경험해보지 못했던 이곳만의 특별한 문화를
만나게 된다.

••
제주는 고유의 문화를 잃지 않으면서 점점
새로운 공동체를 받아들이고 있다.

#신, 그리고 미신
제주는 토속 신앙이 굉장히 깊게 자리 잡고 있는데,
무려 제주에 존재하는 신(神)만 1만 8,000명이
넘는다. 제주의 탄생 설화도 설망대할망이라는
신과 관련되어 있으며, 대부분의 마을에서 마을
신을 모시는 서낭이나 향당을 쉽게 볼 수 있다.
또한 이런 미신 문화는 실생활 곳곳에 뿌리를
내리고 있는데, 대표적인 것이 신구간이다. 이는
음력 정원 초순경을 전후한 기간을 말하며, 제주
사람들은 이때 집안의 악신을 포함한 모든 신들이
천상으로 올라갔다 내려온다고 믿는다. 그래서
이 기간에 이사나 집수리 등을 진행해야 탈이
없다고 생각한다. 신구간 때에 맞춰 가구점들이
크게 세일을 하거나, 집 분양을 오픈하는 것도 그
때문이다. 제주에서 이사 하거나 정착할 집을 구할
때 이 기간에 맞추면 좋다.

#계약 단위는 1년!
제주의 집들은 대부분 월세도 전세도 아닌
연세로 계약을 한다. 이는 1년 치의 월세를
한 번에 내는 임대문화다. 육지 사람들에게는
생소할뿐더러 서울의 월세를 생각했을 때에는
부담스러운 게 사실이다. 그러나 제주도의
경우 대부분 정식적으로 부동산에 매물을
내놓기보다는 알음알음 세를 주는 경우가 많았다.
또한 임대료도 그리 비싸지 않아 연세라고 해도
웬만한 도시의 보증금도 되지 않은 금액이었다.
이주 열풍이 거세지며 상황이 많이 달라지긴
했지만, 제주의 시골 마을은 아직도 연세 임대
문화를 이어가고 있다. 이런 곳의 경우 부동산을
통해 알아보기보다 마을 소식통이라 일컫는
가게를 찾아가면 좋은 집을 구할 수 있다.

#괸당문화는 옛말?
예로부터 제주 사람들은 육지와 단절된 데다가
돌과 바람이 많은 척박한 환경, 잦은 외세의
침략으로 인해 서로를 의지할 수밖에 없었다.
괸당 문화는 이런 제주의 공동체성을 가장 잘
보여주는 예다. 괸당은 '돌보는 무리'를 뜻하는
제주어인데, 친인척 혹은 이웃 정도로 이해하면
얼추 맞는다. 이들은 함께 제사를 지내며
무슨 일이든 자기의 일처럼 돕는다. 그렇기에
이주민은 마을에 정착하기 힘들다는 이야기가
있지만 이는 왜곡된 사실이다. 주민들은
이주민들도 마을 내 구성원으로 인식하기
시작했다. 마을 내 새로운 공간들과 마을 고유의
특산품을 엮어 축제를 벌이는 곳도 쉽게 볼 수
있다. 그들은 고유의 문화를 잃지 않으면서 점점
새로운 공동체를 받아들이고 있다.

Interview

은 종복
책방 제주 풀무질 운영

••
이 공간이 아이들의 맑고 밝은 마음을 지켜주는 역할을 했으면 좋겠어요. 그 아이들이 자라 또 다른 아이들을 돌볼 수 있는 어른이 될 거라 믿어요.

제주 풀무질

Ⓐ 제주시 구좌읍 세화11길 8
Ⓣ 064-798-9872
Ⓗ 11:00-18:00(수요일 휴무)

어떻게 제주도에서 책방을 열게 되었나요?
대학로에서 풀무질이란 인문 서점을 26년 동안 운영했어요. 40평 규모에 소장 서적만 5만 권이 넘는 서점이었어요. 운영하다 보니 부채도 생기고 서울에서의 삶을 정리하고 싶더라고요. 그래서 부채를 다 갚고 싹 정리해서 제주로 내려왔어요. 그런데 막상 내려오려니 제주에서 무엇을 할 건지 고민되었는데, 아들이 아빠가 원래 하던 걸 해보라고 하더라고요. 그래서 책방을 열게 되었습니다.

책방을 열 때 가장 신경 쓴 부분은 무엇인가요?
'책방이 없는 마을에 열자, 도시 중심에서는 하지 말자'는 기준을 가지고 공간을 알아봤어요. 굳이 다른 책방들과 경쟁하고 싶지 않았고, 조용히 살려고 내려온 것이기 때문이에요. 그래도 이왕 하는 것 잘해보고 싶어서 열기 전에 제주의 책방을 여러 곳 둘러봤어요. 그러다 보니 같이 앉아 이야기를 나누는 공간이 있었으면 좋겠다는 생각이 들더라고요. 저는 책방이 책만 파는 공간은 아니라고 생각해요. 그래서 책방 곳곳에 앉아서 책도 읽고 얘기도 나눌 수 있는 공간을 마련했습니다. 또한, 외부 행사 말고도 일상 속에서도 사는 이야기가 오가는 곳을 만들고 싶었어요. 농부들과 함께하는 주경야독 모임, 녹색평론 모임, 아내가 주도하는 조각보 모임 등을 만들었어요. 그리고 책 큐레이션도 달리했는데요. 제주에서는 도심에 가도 인문학책을 찾기 힘들어요. 그런데 저는 이 책들이 평생 한 번은 읽어야 하는 책이라 생각해서 인문 사회, 고전 책들도 구비하고 있습니다.

서울의 중심인 사대문 안에 있다가 제주에 오니 어떤가요?
무엇보다 제주도가 너무 아름다워 좋아요. 처음에는 아침에 일어나서 창문을 열면 속으로 눈물이 났어요. 하늘이 너무 맑고 꿩이나 고라니, 사슴, 노루 등 동물들을 지척에서 만날 수 있다는 게 기뻤어요. 이런 걸 제주에서만 누릴 수 있다는 게 슬프기도 하고요. 그런데 제가 사는 선흘리에 동물원이 들어선다고 해서 마음이 아파요. 마을 사람들이 모여 고민하고 논의하고 있는데, 민간 차원에서 해결할 수 있는 문제가 아니라 더욱 마음이 아픈 거 같아요. 또한 매일 출퇴근길에 비자림로 도로를 확장한다고 수많은 나무가 잘려 나간 것을 봐요. 지금 제주도는 천지개벽하는 수준으로 변하고 있어요.

카페, 서점, 숙박업소 등 많은 공간도 생겼다가 사라지고 있어요.
투자를 목적으로 제주에 공간을 오픈한 경우가 많아서 그렇습니다. 5년 사이에 엄청 많이 늘었다가 지금은 거품이 빠져 다시 나가는 추세예요. 숙박업소의 경우 현재 공실률이 30%라 그렇잖아요. 이는 삶의 터전을 투자의 대상으로 보기 때문이에요. 그런 인식이 바뀌지 않는 이상 이런 현상은 지역을 옮겨가며 계속될 거라 생각해요.

제주 풀무질을 지키며 이루고 싶은 일이 있다면?
아이들이 웃는 세상이 어른들도 웃는 세상이라고 생각해요. 대학로에서는 대학생들이 자주 찾았지만, 이곳에서는 아이들이 많이 와요. 제가 아이들을 좋아하다 보니, 애들이 모이면 책방에서 가끔 책을 읽어주는데요. 이게 소문이 나서 한번은 제주 각지에서 아이들이 찾아온 적이 있어요. 그 아이들에게 둘러싸여 책을 읽어줬어요. 행복하고 즐거운 추억이죠. 이 공간이 아이들의 맑고 밝은 마음을 지켜주는 역할을 했으면 좋겠어요. 그 아이들이 자라 또 다른 아이들을 돌볼 수 있는 어른이 될 거라 믿어요.

02.
요즘 사람들의 제주

일상의 낭만을 찾아 제주로 온 이들은 섬이 선사하는 여유에 행복함을 느낀다.
그러나 일상이 여행이 되듯, 여행지에서도 일상은 있다. 하루하루를 안온하게
영위하기 위해서 경제적인 여건도 무시할 수 없다. 그래서 그들은 여행과
일상 사이에서 그 대답을 찾았다. 제주에 개성 있는 카페와 책방, 그리고
게스트하우스가 넘쳐나는 이유가 이 때문이다.

#카페, 책방, 게스트하우스

분주하고 복잡한 도심 생활에 지쳐 제주로 내려온
이들은 이곳에서조차 똑같은 생활을 하고 싶지
않았다. 또한, 제주에서는 그럴 만한 여건이
되지 않았다. 직종도, 회사도 육지보다 현저히
적기 때문이다. 그 때문에 이들은 여행자들을
상대로 하는 자신만의 공간을 꾸려 운영하기
시작했다. 올레길을 따라 제주 마을 여행을 하는
여행자들이 많아지자 이들을 맞이하는 공간을
만든 것이다. 커피 한잔하며 쉬어갈 카페, 이들이
묵을 게스트하우스가 먼저 생겨나기 시작했다.
2010년대 후반에 들어서는 동네 책방들이
늘어나기 시작했고, 현재는 100여 곳이 넘는다.
여행 속에서 여유를 찾는 이들을 맞이하면서
이주민들은 일상 속 여유를 누리길 꿈꾼다.

#경쟁력을 가진 공간들

10년 사이에 수많은 공간이 생겼다. 한 가게가 잘
되면 양옆으로 새로운 공간이 줄지어 들어섰다.
2010년 100여 개였던 제주도 내 커피전문점은
현재 1,000곳이 넘는다. 그러나 2019년 발표한
조사에 따르면 3년 내 폐업률도 62.8%로 전국
1위를 차지했다. 게스트하우스와 책방도 카페와
다르지 않았다. 경쟁은 치열해졌고, 결과적으로
다른 도시에서는 만날 수 없는 차별화된 공간만이
살아남았다. 우후죽순 생겨난 공간이 아닌 제주의
정체성을 가진 공간만이 남게 되었다. 경쟁력을
가진 공간들은 하나의 여행지가 되었다. 그러자
사람들이 마을을 찾았다가 공간에 오는 것이 아닌,
특정 공간을 찾기 위해 일부러 마을에 들르는
상황이 발생하기 시작했다.

#변화하는 제주의 풍경

특색 있는 공간들이 제주 시골 마을 곳곳에
자리하게 되자, 마을의 풍경들도 차차 바뀌기
시작했다. 마을 사람들만 거닐던 한적한 골목은
여행의 설렘을 가득 안은 사람들이 드나들었다.
버려져 있던 공간들은 새로운 콘텐츠로 채워졌고,
마을에도 활기가 흐르기 시작했다. 늘어난
외부인들로 인해 불편을 호소하는 주민들도
있지만, 대부분은 이들을 상대로 마을 여행
코스를 조성하고 마을의 독자적인 이야기를
전하기 위해 노력한다. 마을의 구성원이 된
공간들 또한 기존의 마을 풍경과 분위기를
해치지 않기 위해 노력한다. 종달리, 평대리,
위미리 등 사람들이 사랑하는 제주 시골 마을
풍경은 이주민과 원주민 사이의 아름다운 공생이
만들어낸 결과이다.

ANTHRACITE JEJU 앤트러사이트 제주

SPACE REGENERATION IN JEJU

공간 재생 : 공간은 제주의 과거를 싣고

모든 물리적인 것들이 그러하듯, 공간은 목적을 가지고 태어나고 이를 상실했을 때 쓸모를 다한다. 최근 제주에서는 이처럼 기능을 다해 버려진 공간이 새로운 이야기를 품고 재탄생하고 있다. 이를 통해 재생된 공간은 그 자체로 제주의 문화이자 예술이 되었다.

결국, 공간 재생 Regeneration은
로컬 이야기의 재생 play이기도 하다.

#재생을 위한 재생

이제 제주의 공간 재생은 하나의 트렌드가
되었다. 방치된 공간을 개조해 새로운 목적에
맞게 사용하는 것을 넘어서 본래 공간이 머금고
있던 요소들을 다시 사람들에게 전달하고자
공간이 재생되고 있다. 즉, 재생 play를 위한
재생 Regeneration이 이뤄지고 있는 것이다.
로컬 사람들의 방앗간 역할을 하던 농협 건물을
로컬의 이야기가 모이는 로컬 창작자 라운지로
만든 사계생활(p.100). 과거 마을 아이들이
뛰놀았았던 폐교를 재생해 어린 시절의 향수를
자극하는 명월국민학교(p.101). 오래된 전분
공장의 에너지 넘치는 모습을 그대로 전달하고자
하는 앤트러사이트 제주(p.101)까지. 대표적인
예를 제주 곳곳에서 찾아볼 수 있다.

#공간 재생은 필연

제주에서 공간 재생은 사실 필연적인 일이었다.
과거 제주는 농업 및 어업 종사자가 가장
큰 비중을 차지했다. 유명 관광지를 제외한
대부분의 마을은 주민들이 농사와 물질을
하여 먹고 살아가는 작은 시골이었기 때문이다.
그렇기에 그들에게 필요한 건물은 농업
및 어업 창고 및 공장, 생활에 필요한 몇몇
상점들뿐이었다.
그러나 올레길이 조성된 후 상황이 바뀌기
시작했다. 길을 따라 섬 전역이 관광객들이
오가는 관광지가 되었기 때문이다. 목가적인
풍경과 한적한 분위기, 아름다운 자연을 본
이들은 제주의 마을에 머무르길 바랐고, 이들을
대상으로 한 상점 및 시설에 대한 수요가 늘었다.
제주 마을에는 본래 상업적인 목적으로 만들어진
건물이 없었기에 기존의 건물들이 새로운 목적에
맞춰 새로운 옷을 입을 수밖에 없었다.

#다시 흐르는 시간

공간이 새로운 목적을 가졌다고 해서 모든 것을
뒤엎고 새롭게 시작하는 것을 의미하지는 않는다.
제주에서 공간을 운영하고자 하는 이들은
쓸모에 맞게 조금씩 고쳐나가길 택했다. 그들은
제주의 풍경에 반해 터를 옮겨온 이주민들이
대부분이었고, 그렇기에 자신이 사랑하는 제주의
풍경을 바꾸고 싶어 하지 않았다. 앞으로 꾸릴
공간에 맞춰 최소한의 수정을 더하는 것에서
그치는 경우가 많았다.
이와 같은 공간 재생 덕분에 공간에 머물러 있던
오래된 기억도 다시금 흐르고 있다. 사람들에게
이 공간의 과거에 대해서 계속 상기시키고, 이에
따라 과거에 묶여 있던 이야기들을 소개한다.
계속 회자되는 이야기는 하나의 콘텐츠가 되고,
제주의 문화에 대해 알리는 역할을 한다. 결국,
공간 재생 Regeneration은 로컬 이야기의 재생
play이기도 하다.

#과거를 물어보세요

다양한 이야기를 가진 공간들이 다시금 생명력을
얻어 살아나다 보니, 제주의 공간에 가면 과거를
유추하는 재미가 있다. 공간 곳곳을 살피다 보면
옛 주택부터 감귤창고, 공장, 마구간, 폐교까지
다양한 과거가 드러난다. 공간의 주인들에게
과거 이야기를 묻는 것도 하나의 방법! 과거의
모습은 어땠는지, 지금의 모습을 찾기까지의
과정은 어땠는지 그 이야기를 따라가는
것만으로도 즐거운 여행이 될 것이다.

Interview

박 성희

앤트러사이트 제주 매니저

••
풀 한 포기, 나무 한 그루, 방문하고
머무는 사람들까지, 모든 요소가 공간에
어떤 의미가 될 수 있는지 생각하는
시간이 되길 바랍니다.

앤트러사이트 제주

Ⓐ 제주시 한림읍 한림로 564
Ⓣ 064-796-7991
Ⓗ 매일 9:00-19:00

**앤트러사이트 제주에 대한 전반적인 소개
부탁드립니다.**
앤트러사이트 커피 로스터스의 두 번째 공간으로
2015년 초에 문을 열었습니다.

**전분 공장을 개조한 것으로 알려져 있습니다. 이
공간을 발견하고, 선택하고, 개조했던 과정에
대해 궁금합니다.**
제주는 논보다는 밭이 주를 이루고 있는
화산섬입니다. 그래서인지 동네마다 크고
작은 전분 공장들이 있었는데, 대부분
80년대 말에서 90년대 초까지 운영되다 문을
닫았습니다. 이 공간도 그중 하나로, 94년까지
㈜동아물산이라는 이름으로 운영되던 고구마
전분 공장이 이후 문을 닫은 채 멈춰 있었습니다.
제주에 온 지 3년 차가 되던 해에 우연히 제주
서쪽을 구경하러 나왔다가 이곳을 보았습니다.
호기심에 입구를 찾아 내부로 들어갔는데,
자연스럽게 탄성이 나왔습니다. 파릇파릇하게
자라있는 양치식물들과 언제 멈춰버렸는지
모르는 녹이 슨 장비들과 기계들이 정말 묘한
에너지를 뿜어내고 있었기 때문인데요. 일부
지붕이 날아가 있었지만, 정적이면서도 엄청난

생명력이 느껴졌습니다.
사실 이 공간은 예전 것을 존중하는 개념으로
시작한 공간은 아닙니다. 이 공간이 사람들로
채워졌을 때 이곳에 자리하고 있던 강한
생명력과 에너지가 어떤 조화를 이룰까 하는
궁금증이 들었습니다. 이를 표현하기 위해
앤트러사이트 제주가 시작되었습니다.

◦◦
'영감'이라는 부분에 더 많은 의미를 두었습니다.
우선 천장, 바닥, 벽 등 원래 건물이 가지고 있는 가장 중요한
요소들이 그대로 드러나기를 바랐습니다.

**공간을 만들 때, 가장 중점적으로 생각했던
부분이 무엇인가요?**

키워드로 보자면 에너지, 나눔, 조화입니다.
처음 공간에 왔을 때 받았던 감동과 에너지가
찾아오는 이들에게도 전달되었으면 하는 것이
가장 큰 목표였고, 이는 사실 앤트러사이트라는
브랜드를 만들게 된 계기와도 일치합니다.
좋은 공간에서 받은 긍정적인 영감을 주고받는
일은 사회적으로도 아주 중요합니다. 이런
고민의 연장선에서 카페가 단순히 커피와 차를
마시는 공간만 되어서는 안 된다는 생각으로
앤트러사이트를 만들었습니다. 제주점 또한
마찬가지로 단순히 옛것을 살린다는 1차원적인
의미에서 그치는 것이 아니라, '영감'이라는
부분에 더 많은 의미를 두었습니다. 우선 천장,
바닥, 벽 등 원래 건물이 가지고 있는 가장
중요한 요소들이 그대로 드러나기를 바랐습니다.
공장이었던 건물이 변신했다는 것에 방점을 둔
것이 아니라, 쓰러져 가는 공간에서 피어나고
있던 생명력에서 느꼈던 감정들을 표현하고
전달하는 데 좀 더 치중했습니다.

**이외에도 사람들이 이 공간에서 어떤 시간을
보내길 원하시나요?**

지역색이 독특한 제주에 앤트러사이트의 모습이
자연스럽게 녹아들길 원했습니다. 그렇기에
공간에 오는 사람들도 이 지역에 대해 여러
시각으로 생각해주셨으면 좋겠습니다. 또한
이곳에 있는 풀 한 포기, 나무 한 그루, 방문하고
머무는 사람들까지, 모든 요소가 공간에 어떤
의미가 될 수 있는지 생각하는 시간이 되길
바랍니다.

**앤트러사이트 외에도 제주에 옛 공간을 재생한
공간들이 많이 생기고 있어요.**

공간 재생은 의미 있는 일이며 지역색을
나타내기에 더 이로울 수 있다고 생각합니다.
다만 깊은 고민 없이 좋은 공간을 만들어내기는
몹시 어렵습니다. 화제성과 상업적인 부분만
고려하게 된다면 결국 한 흐름으로 자리 잡고
있는 이 일들이 퇴색되고 말 것입니다. 그
공간에서 시작해야만 했던 이유와 표현하고자
하는 방향성에 대한 끝없는 고민 없이는 결국
초연하게 자리를 지키고 있던 본래 공간의
스토리들은 변색되고 사라져가게 될지도

모릅니다. 그렇지만 여전히 좋은 재생 공간들이
생겨나고 있고, 이는 깊은 고민의 흔적이라는
생각이 듭니다. 아무리 좋은 새 건물도 시간의
흐름이 새겨진 원숙미는 따라잡기가 정말
어렵습니다. 결국 공간이 주는 힘이 다르기
때문이라는 생각이 들어요. 특히나 지역적인
특색이 강한 제주의 돌담과 독특한 건축 양식은
더 많은 사람에게 더 많은 이야기를 제시할 수
있다고 생각합니다.

Interview

심 응범

인디고트리(Indigoterie) 대표

••

원래의 것과 그 속에서 좀 더 어울리게
'공존'할 만한 변화를 이어가봐야겠죠.

인디고트리
Ⓐ 서귀포시 남원읍 하례망장포로 4
Ⓣ 010-4720-8185
Ⓗ 11:30-18:30(수, 토요일 휴무)

어떤 곳인지 궁금합니다.

보기에는 카페 같지만, 사실 이곳은 제
아틀리에(작업실)인 완성된 제품을 전시
판매도 하고 커피 한 잔 마실 수 있는 곳입니다.
말하자면 '커피 향 나는 복합공간'이에요. 아직도
꾸미고 가꿀 것이 많은 현재 진행형이기도
하고요.

**인디고트리가 프랑스어로 '인디고염색하는 곳'
으로 알고 있는데요. 그 이름을 쓴 이유가
궁금합니다.**

패션 디자이너다 보니 여러 소재와 색감에
자연스레 관심을 가지게 되는데요. 그 중
제가 집중하는 쪽이 '인디고페라'라는 식물의
자연염료(틴토리아)를 이용한 인디고 쪽
염색이에요. 자연스럽게 이곳의 이름도 따라오게
되었죠. 제주에는 오랜 시간 쪽 염색을 해오신
장인분들이 있으셔서 배울 것이 참 많아 좋아요.

**제주에 오시는데 준비를 오래 하셨다고
들었는데요.**

5년이라는 시간을 준비했어요. 시간 날 때마다
이곳 제주를 찾아 분위기를 느끼고, 정착하기
알맞은 곳을 찾아 돌아다니기도 하고, 또
괜찮은 느낌이 드는 곳에서는 몇 날을 머물기도
해보고. 그러다 이곳을 발견했어요. 지금도
귤밭인 이곳의 돌창고를 보고 '여기가 가장
좋겠다'고 마음을 굳히는 데는 오랜 시간이
걸리지 않았어요. 다만 허락을 받기까지 시간이
오래 걸렸지요. 주인분께서 오랫동안 병원을
운영하시던 분이었는데 대뜸 '사업계획서'를
써 오라는 거예요. 2번을 반려당하고 3번 만에
허락을 받아 지금까지 운영해오고 있어요.

왜 하필 '돌창고' 였나요?

이곳을 결정하기 전에 제주를 돌아다니며 만났던
수많은 돌창고들을 보며 '어쩌면 보존하고
지속해야 할 유산일 수도 있겠다'라는 생각을
했어요. 유럽을 예로 들자면 한적한 시골 마을의
작은 집들, 거기에 딸린 창고 하나까지도 역사
문화재로 인정해 정부가 지원해주며 후손들이
관리하고, 또 여행객들이 방문하는 것처럼요.
제주의 현무암으로 만든 돌창고야말로 가장
제주다운 모습 중 하나가 아닐까요? 그래서
조금이라도 오랫동안 지켜보자는 마음으로 직접
이곳에서 공존하기로 마음먹은 거죠.

오래된 공간이라 어려움도 있을 것 같아요.

공간이 넓은데다 주거지가 아닌 창고 용도로
지어진 건물이다 보니 바깥 날씨와 반대로
냉난방을 유지하는 것이 가장 애로사항이에요.
한여름에 에어컨을 켜도 생각보다 시원하지 않고,
겨울에는 생각보다 따뜻하지 못해 이곳을 찾아와
머무르시는 분들에게 죄송스러운 마음이 있어요.
하지만 '창고'라는 공간 자체가 주는
매력을 알아보시는 분들은 이런 불편함을
자연스러움으로 생각하고 즐기다 가시는 분들도
많아요.

앞으로의 계획이 궁금합니다.

먼저 말씀드렸듯이 아직은 미완성된 공간이에요.
또 다른 모습으로 변할 수도 있다는 말이기도
합니다. 하지만 창고라는 공간 '자체'가 변화하는
것은 아니에요. 창고라는 원래의 것과 그 속에서
좀 더 어울리게 '공존'할 만한 변화를 이어가
봐야겠죠.

Interview

정 양선
순아커피 대표

••
많은 사연이 스며들어있는 곳을 허무는 것
보다 과거의 모습 그대로 이곳을 더욱더 지
속하고 유지해 현재와 연결하고 싶어요.

순아커피
Ⓐ 제주시 관덕로 32-1
Ⓣ 010-9102-0120
Ⓗ 09:00-19:00(일요일 휴무)

**순아커피에 대한 소개를 간략하게 부탁드려도
될까요?**
이곳은 일제강점기 시대에 지어진 100년이 넘은
2층 목조주택이에요. 1층은 5식구의 거처이자
'숙림상회'라는 이름의 점빵(담배 가게)이었고,
2층은 세를 놓는 곳으로 사용했었죠. 이후
편의점이 곳곳에 생겨나면서 오래된 담배
가게가 장사가 되겠어요? 엎친 데 덮친 격으로
2016년 태풍 때문에 큰 피해를 입고서 1년 동안
거의 방치되었어요. 이후 오래된 제주 원도심의
문화를 보존하고자 노력하는 주변 몇 사람들의
도움을 받아 옛 모습 그대로를 살려 지금의
'순아커피'를 완성했어요.

'순아커피'의 이름이 참 궁금합니다.
이곳 원래 주인인 순아할망의 이름을 그대로
따왔어요. 일본에서 타향살이를 하시면서 부를
얻으셨던 분인데 고향 제주가 그리워 이 집을
구매하고 제주로 돌아오신 분이에요. 돌아가실
때까지 이곳에 대한 정이 남다르셨던 분 입니다.
다른 이름을 막상 붙이자니 떠오르지 않더라고요.

**오래된 곳인 만큼 그 이야기도 많이 담겨있을
듯합니다.**
제주도민의 앞마당이라 불리는 관덕정을 마주
보고 있으니 얼마나 많은 일들을 이 안에서
마주했겠어요. 4.3의 역사부터 6.25 시절의
모습까지. 겪어보지 않아서 모르지만, 이곳은
지금도 쉽게 꺼내지 못하는 아픈 역사의 흐름을
고스란히 겪어낸 곳이기도 해요. 그런 많은
사연이 스며들어있는 곳을 허무는 것보다
과거의 모습 그대로 이곳을 더욱더 지속하고
유지해 현재와 연결하고 싶어요.

이곳을 '지속'하며 지키는 의미가 궁금합니다.
제주를 사랑하는 마음이에요. 제가 타지
경주에서 25년을 살다 이곳에 다시 돌아온
것은 제주를 사랑하는 마음이 변하지 않았기
때문이에요. 보다 좋은 것으로 변하는 것도
좋지만, 오랫동안 변하지 않는 것도 있어야
하지 않을까요? 제주를 사랑하는 마음이
변하지 않는 것처럼요.

WHERE YOU'RE GOING

제주 지역별 대표 스폿 알아보기

휴양, 로컬, 도심, 액티비티 등 제주를 즐길 방법은
무궁무진하다. 제주의 지역별 특성과 대표적인 여행지를
소개하니, 자신의 취향에 따라 선별해보자. 또한,
여행 일정을 계획하는 데 도움이 될 수 있도록
테마별 스폿도 추천한다.

이호테우 해변

제주시 중심
제주에서 가장 번화한 도심. 제주의 중심인 만큼
해장국 및 고기국수 등 맛집이 많으며, 시장 및 문화,
역사, 예술적으로 볼거리도 많다. 공항과 가까워
접근성과 가성비가 좋은 호텔들도 밀집해 있다.

A

C

서부 지역(애월-한림-안덕)

동부 지역과 반대로 일몰이 아름다운 곳으로, 그 시간대에
해안도로를 따라 드라이브하기에 좋다. 한담 공원, 수월봉
해안도로 등 바다를 바라보며 걷기 좋은 산책로도 잘 조성되
어 있다. 또한, 아이들이 좋아할 만한 테마파크와 가족 단위
로 이용하기 편한 리조트가 곳곳에 있다.

새별오름

성이시돌목장

중문색달해변

~ JEJU

Illustrator @kimjoyyyy

Tip. 제주 여행 일정 짜기

제주는 생각보다 넓다. 그렇기에 섬 전역을 한 번에 여행하기란 쉽지 않으며 이동 시간을
고려했을 때 비효율적이다. 우선은 인접해 있는 두세 지역을 꼽아 여행해보자.

짚라인 제주

관음사

신풍목장

보롬왓

동백 포레스트

SLAND

B

동부 지역(조천-성산-표선)

제주의 자연을 누리기에 좋은 지역이다.
해안도로를 따라 유명한 해변들과 관광
지가 자리해 있다. 중산간 지역으로 조금
만 들어오면 다랑쉬, 아부, 백약이, 용눈
이 등 다양한 오름이 밀집해 있다. 또한
일출이 아름답기로 유명하니 일출 시간
에 맞춰 동부 지역 일정을 짜는 것도 추
천한다.

D

서귀포 중심

한라산 남쪽에 자리한 서귀포는 제주에서 가장 날씨가 온화한 곳
이다. 또한 서귀포 시내 중심으로 번화한 지역이지만 제주의 자연
환경도 공존하고 있다. 도심 바로 옆에 폭포가 자리하고 있고,
계절마다 꽃들이 피어나는 동산과 식물원을 만날 수 있다.

제주의 오늘과 내일, 제주시 중심

오랜 역사를 품은 원도심 이야기부터 도심 속에서 만나는 자연,
그리고 맛집 탐방까지, 제주시 중심에서는 가장 현대적이고
다채로운 제주를 만날 수 있다.

제주목 관아 & 관덕정 p.041
제주 구도심에 자리한 옛 관아와 정자.
제주의 600년 세월을 품고 있는 곳이다.

리듬
오래된 목욕탕을 개조한 카페.
원도심에 새로운 바람을 불어
넣고 있다.

용두암 p.087

용출횟집 p.087

이호테우해수욕장
공항에서 가장 가까운 해수욕장. 말의
모습을 한 등대가 유명하다.

도두봉 p.052

우진해장국 p.092

제주민속오일장 p.132

1132

1132

알작지해변
모래가 아닌 동글동글한 자갈(몽돌)로 이루어
진 해변이라, 몽돌해변이라고 불리기도 한다.
파도가 돌에 부딪혀 아름다운 소리를 낸다.

1136

1139

한라수목원 p.057

삼양검은모래해변

자매국수
고기국수 전문점. 진한 고기 육수에
돔베고기가 듬뿍 올라가 있다.

국립제주박물관
제주의 독특한 생활과 역사를 소개하는 박물관.
역사적 자료와 기획전을 통해 방문객들에게
제주에 대한 다양한 이야기를 전달한다.

1132

두멩이 골목

등문재래시장 p.132

은희네해장국 p.092

제주삼성혈 p.051

97

1136

1136

모모제이
로컬들이 사랑하는 브런치 및 팬케이크 가게.

136

1131

관음사
고려 시대부터 자리한 고찰. 울창한 수목에 둘러싸인 사찰은
아름답고 고요하지만, 제주의 크고 작은 사건을 함께 겪으며
수많은 이야기를 품고 있다.

제주 4·3 평화공원
제주 4·3 사건에 희생된 이들과 남겨진 이들
의 아픔을 기억하며 앞으로의 평화를 바라는
마음으로 만들어진 공원.

B

제주의 자연이 오롯이 담긴, 동부

(구좌-성산-표선)

해변과 숲, 오름. 제주 하면 떠오르는 자연광경을 모두
만날 수 있는 지역이다. 오랜 시간 사랑받아온 유명
관광지부터 포토 스폿으로 주목받고 있는 트렌디한
공간까지. 기록으로 남겨두고 싶은 풍경이 가득하다.

1132

김녕해수욕장 p.035

제주김녕미로공원
미로를 헤매며 체험을 즐기기에도 미로 공원에 터를
잡은 고양이들과 여유로운 시간을 보내기에도 좋은 곳.

카페 세바 p.105

다희연(짚라인제주)
광활한 제주의 풍경 위로 짚라인을 탈 수 있는 곳. 삼나무숲
부터 녹차밭, 제주 바다까지 다양한 코스로 이루어져 있다.

동백동산 p.035

1136

제주돌문화공원

산굼부리
억새 명소로 가을이 되면 언덕이 하얗게 물들며 장
관이 펼쳐진다. 화산이 터지지 않고 생긴 오름으로,
커다란 분화구가 있다.

92

청초밭 p.058

사려니숲길
약 15km 정도 이어지는 숲길로 신성한 길이라는 의미가 있
다. 청정한 공기, 뛰어난 비경과 함께 다양한 수목과 생물들
을 만날 수 있는 곳.

1118

보롬왓
카페 겸 계절마다 예쁜 꽃이 피어나는 정원. 사진을 찍기에도 피크닉
을 가기에도 좋다.

월정타코마씸 p.099

월정리해변 p.064

구좌

명진전복
전복 음식 전문점. 고소하고 건강한
전복돌솥밥을 맛볼 수 있다.

세화해수욕장 & 제주해녀박물관 p.055

1132

메이즈랜드 p.036

1112

비자림 p.057

소심한 책방
종달리에 자리한 자그마한 책방. 제주에서 가장 대표적인
독립책방으로 책과 함께 여유로운 시간을 보낼 수 있다.

성산

성산일출봉
봉우리 정상에 자리한 거대한 분화구와 그 밑으
로 펼쳐지는 초원이 아름다운 곳. 제주의 대표적
인 일출 명소이자 관광지로 손꼽힌다.

백약이오름
초입에는 삼나무가, 올라가는 길에는 잔디가 넓게 펼쳐져
아름다운 풍경을 자랑한다. 주변에는 아부오름, 다랑쉬오름,
용눈이오름 등 동부의 유명 오름들이 함께 자리하고 있다.

1119

아쿠아플라넷 제주 p.032

빛의 벙커
다양한 영상 및 음악과 함께 클림트, 반 고흐 등 세계적인
작가의 작품을 즐길 수 있는 몰입형 미디어 아트 전시관.

표선

1119

1132

섭지코지
코지는 뾰족하게 튀어나온 지형을 의미하는 제주
어로, 그 지형을 따라 등대까지 이어지는 해안 길
이다. 길 양옆으로 바다와 푸르른 들판이 펼쳐져
가장 제주스럽다고 손꼽히는 관광지이다.

성읍민속마을 p.035

신풍목장
바다 옆으로 넓게 펼쳐진 초원이 아름다운 바다 목
장. 특히 겨울에는 넓은 들판에 감귤 껍질을 말리는
작업이 진행돼 알록달록 예쁜 색감을 자랑한다.

해안도로 따라 산책하기, 서부

(애월-한림-안덕)

제주의 동부가 해수욕장이 유명하다면, 서부는 해안도로가 발달되어 있어
편안하고 여유로운 여행을 즐기기에 좋다. 해안도로 중간중간에 자리한 오션 뷰를
자랑하는 카페와 식당에 들르는 것만으로도 만족스러운 여행이 될 것이다.

애월한담공원 p.033

곽지해수욕장 p.032

한림칼국수 p.088

앤트러사이트 제주점 p.101

피어 22 p.088

싱싱잇 p.116

한림

협재 & 금능해수욕장
협재해수욕장과 금능해수욕장은 바로 인근에 있으며, 두 해변
모두 바다 위로 비양도가 보이는 경치를 자랑한다.

신창 풍차 해안도로 p.054

명월국민학교
폐교를 개조해 만든 카페 겸 복합문화공간. 어린 시절 향수를 불
러일으키는 공간은 사진 스폿으로 주목받고 있다.

금오름 p.052

환상숲 곶자왈 공원 p.034

유람위드북스 p.124

오설록 티 뮤지엄
드넓게 펼쳐진 녹차밭과 녹차를 베이스로 한 다양
한 디저트와 상품들을 만날 수 있는 곳.

노리매 p.059

1132

1136

1120

1136

1121

1136

1135

1132

1120

더블루웨이브
사계해변 인근에 자리한 서핑 숍.
입문자부터 실력에 따라 서핑
강습을 받을 수 있다.

The Blue Wave

송악산 p.034

애월

선운정사
제주도의 야경 명소로 손꼽히는 곳으로,
밤이 되면 사찰 전체가 화려한 조명과
등으로 둘러싸여 빛난다.

새별오름
가을에는 하얀 억새로 가득하고 봄에는 들불축제
가 열리는 새별오름. 옆에 자리한 카페 새빌도 함께
들러볼 것을 추천한다.

성이시돌 목장
테쉬폰 건축 양식을 볼 수 있는 목장. 푸르른 목장
은 여유로운 시간을 보내기에 좋다.

방주교회
노아의 방주 모습을 본 따 만든 교회로, 실제로
건물이 물 위에 떠 있는 듯 연출했다. 제주의
아름다운 건축으로 손꼽히는 곳이다.

1135

1115

1116

주신화월드 p.032

1136

카멜리아힐 p.059

안덕계곡
울창한 수림으로 둘러싸인 계곡. 다양한 식물들과 곳곳
에 숨어 있는 동굴로 신비로운 분위기를 풍긴다.

안덕

산방산
장대한 기암절벽의 모습이 인상적인 산. 3-4월이면 노란
유채꽃이 산을 둘러싸고 드넓게 핀다.

용머리해안

WHERE YOU'RE GOING

D

도심과 자연의 조화,
서귀포시 중심

한라산 남쪽에 자리한 지역으로, 제주에서 가장 온화하다.
서귀포 시내와 중문관광단지를 중심으로 폭포와 정원이 밀집해 있어 제주의 다양한
자연 모습을 즐기는 동시에 도심의 편리함도 누릴 수 있는 곳이다.

1100고지
제주시와 중문동을 잇는 1100도로에서 가장 높은 지점
으로, 한라산 습지를 품고 있는 곳이기도 하다. 눈을 맞은
모습이 아름답기로 유명하다.

돈내코계곡 p.035

엉또폭포
울창한 숲 속에 쏟아지는
폭포로, 비가 올 때만 나타
난다. 푸릇푸릇한 숲, 장대
한 기암절벽과 시원하게 쏟
아지는 폭포는 한 폭의 그
림 같은 풍경을 만들어낸다.

88버거
두툼한 흑돼지 패티와 신선한 채소가 차
곡차곡 쌓인 수제버거가 유명한 맛집

여미지 식물원
중문관광단지에 자리한 식물원으로, 동양 최대의 온실을 가지고 있다.
다양한 테마로 꾸며진 정원에서 약 2,300여 종의 식물을 만날 수 있다.

서귀포매일올레시장 p.133

용이식당 p.083

천제연폭포 p.032

천지연폭포 p.037

황우지해안
외돌개 인근에 자리한 해안으로 푸르른 바다와 해안
절벽이 뛰어난 절경을 만들어낸다. 해안에는 스노클
링 스폿으로 유명한 선녀탕이 자리하고 있다.

유동커피 p.092

이중섭 거리
화가 이중섭의 생가 옆에 조성된 거리.
이중섭 미술관과 서귀포 극장, 공방들이
자리한 서귀포 문화예술 중심지.

대포주상절리
주상절리는 화산활동으로 생긴 돌기둥을 말하는데, 대포동에는 바
다와 접하는 해안 부분에 대규모로 주상절리가 형성되었다. 그 모
습이 장엄해 많은 이가 찾는 관광지가 되었다.

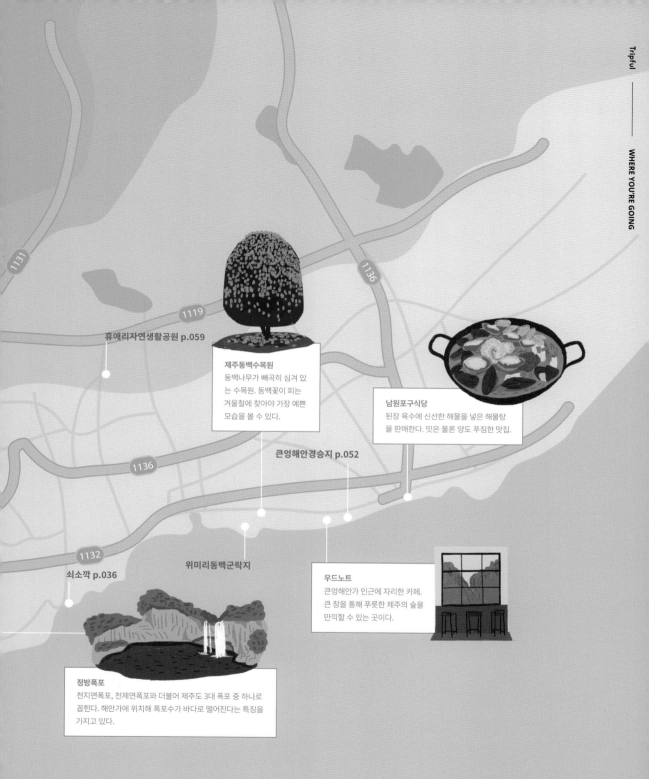

휴애리자연생활공원 p.059

제주동백수목원
동백나무가 빼곡히 심겨 있
는 수목원. 동백꽃이 피는
겨울철에 찾아야 가장 예쁜
모습을 볼 수 있다.

남원포구식당
된장 육수에 신선한 해물을 넣은 해물탕
을 판매한다. 맛은 물론 양도 푸짐한 맛집.

큰엉해안경승지 p.052

1131

1119

1136

1136

1132

쇠소깍 p.036

위미리동백군락지

우드노트
큰엉해안가 인근에 자리한 카페.
큰 창을 통해 푸릇한 제주의 숲을
만끽할 수 있는 곳이다.

정방폭포
천지연폭포, 천제연폭포와 더불어 제주도 3대 폭포 중 하나로
꼽힌다. 해안가에 위치해 폭포수가 바다로 떨어진다는 특징을
가지고 있다.

COURSES BY THEME

COURSES
1
THEME

아이와 함께하는 여행

아이와 부모 모두가 만족할 수 있는 스폿으로 이루어진 일정.
탁 트인 바다와 푸르른 숲속에서 가족간의 소중한 추억을 쌓을 수 있을 것이다.

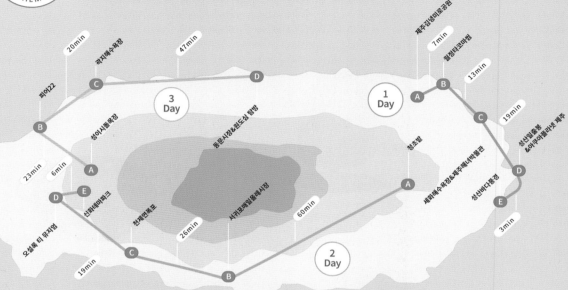

단위 - 분(min)　차량 -　　도보 -　　선박 -

COURSES
2
THEME

소중한 이와 단 둘이 떠나는 여행

연인 혹은 친구, 혹은 가족. 소중한 이와 단 둘이 떠나는 제주는 서로에게 좋은 선물이 될 것이다.

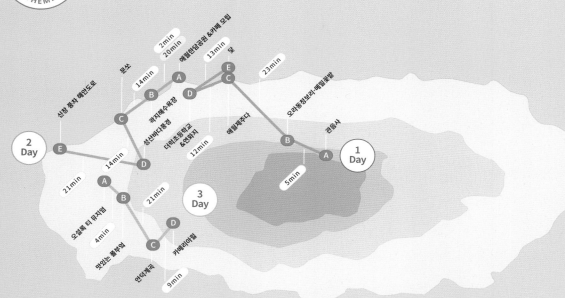

1 Day

A. 관음사 p.025
숲에 둘러싸인 사찰. 고즈넉하고 아름다운 사찰은 둘러보는 것만으로도 마음이 정화되는 듯한 느낌이 든다.

B. 오라동청보리·메밀꽃밭
하얀 메밀꽃이 피는 9월이 아니더라도 드넓게 펼쳐지는 밭은 그 자체로 아름답다. 둘만의 예쁜 사진을 남기기에도 좋다.

C. 애월제주다 p.088
제주산 해산물로 만든 모둠장을 판매한다. 정성스러운 음식은 보기에도 예쁘고, 맛도 좋다. 빈티지한 공간은 둘만의 시간을 보내기에도 좋다.

D. 더럭초등학교&연화지
알록달록 색칠한 초등학교 건물 앞에서 사진도 남기고, 연꽃으로 가득한 연못 정자에서 휴식을 취할 수 있다.

E. 닻 p.116
신선한 딱새우회를 비롯해 로컬 식자재를 이용하는 이자카야. 술 한 잔 기울이며 여행의 첫날을 마무리해보자.

2 Day

A. 애월한담공원 & 카페 모립 p.103
여유롭게 거닐기 좋은 해안가 산책로. 길 중간에 자리한 카페 모립에 들러 둘만의 조용한 시간을 보낼 수도 있다.

B. 곽지해수욕장
한담산책로를 걷다 보면 나타나는 해변 고운 모래의 해변은 쉬어가기 좋다. 수면이 얕고 잔잔해 카약을 즐길 수도 있다.

C. 문쏘 p.096
우드 톤으로 되어 있는 공간은 고풍스러운 분위기를 풍긴다. 신선한 로컬 재료로 만든 퓨전 음식 또한 색다른 맛을 선사한다.

D. 금오름 p.052
초원에 말들이 거니는 목가적인 풍경을 자랑한다. 정상에 자리한 호수가 아름다워 인생 사진을 남기기에도 좋다.

E. 신창 풍차 해안도로 p.054
해안가에 풍차가 연이어 서 있다. 특히 일몰 시간에 맞춰 해안도로를 드라이브하면 바다와 하늘 모두 예쁘게 물들어 동화 속에 있는 듯하다.

3 Day

A. 오설록 티뮤지엄 P.109
녹차밭을 배경으로 함께 사진을 찍어 보자. 카페에서 맛있는 녹차 디저트 등을 맛보며 여유로운 시간을 보낼 수 있다.

B. 맛있는 폴부엌 p.098
프랑스 유학 셰프가 운영하는 레스토랑. 제주 식자재를 이용해 음식을 만들어 신선하고 맛있으며 분위기도 고급스럽다.

C. 안덕계곡 p.029
숲으로 둘러싸인 계곡은 신비로운 기운이 감돈다. 드라마 촬영지로 유명한 이곳은 예쁜 사진을 남기기에도 물놀이를 즐기기에도 좋다.

D. 카메리아힐 p.059
겨울에 동백을 시작으로 계절마다 새로운 꽃을 담아내는 곳. 아름다운 정원을 거닐며 제주 여행을 마무리하길 추천한다.

E. 공항

COURSES 3 THEME

나홀로 힐링 여행

혼자만의 시간이 필요한 이들에게 제주는 위로와 안식을 선물한다.
혼자서도 행복할 제주의 스폿들을 골라 일정을 계획해보자.

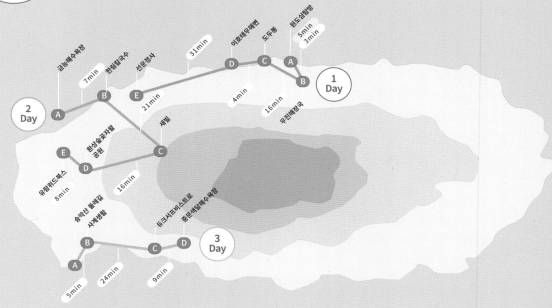

COURSES
4
THEME

로컬의 일상 속으로 여행

로컬에게 사랑하는 맛집부터 카페, 로컬의 하루가 느껴지는 스폿까지.
로컬의 일상속으로 여행을 떠나보자.

단위 · 분(min) 차량 — 도보 — 선박 —

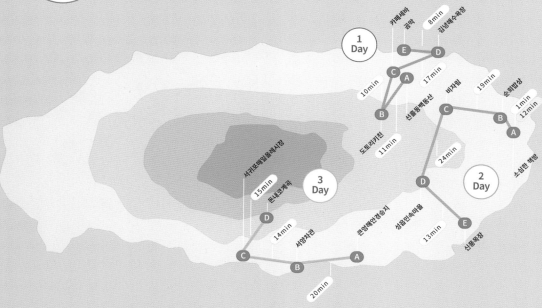

---

1 Day

A. 동백동산
주민들이 주말마다 찾는 숲으로, 넓은 대지에 거대한
습지까지 품고 있다. 산책하기에도 마음을 정화하기에도
좋은 곳.

B. 도토리키친 p.097
제주도산 청귤을 이용해 소바를 만들어 선보인다.
제주를 사랑하는 부부가 운영하는 아기자기한 공간.

C. 카페세바 p.105
마치 숲속의 오두막 같은 공간이다. 빈티지 소품과 푸릇
한 식물이 어우러진 이곳은 여행자와 로컬 모두 좋아하
는 공간이다.

D. 김녕해수욕장
상업 시설과 여행자가 별로 없어 로컬 사람들이 좋아하는
해변. 일몰 풍경이 예뻐 늦은 오후에 찾아 가면 좋다.

E. 곰막 p.090
회국수와 회덮밥 맛집. 제주의 싱싱한 회를 듬뿍 담아
내어준다.

2 Day

A. 소심한 책방 p.126
종달리에 자리한 책방. 종달리에는 책방 중심으로 아기
자기한 공간과 카페가 자리하고 있으니 함께 구경하길
추천한다.

B. 순희밥상 p.046
종달리 마을에 자리한 가정식 백반식당. 갈치조림, 고등
어구이, 성게미역국 정식 등의 메뉴가 있다.

C. 비자림 p.057
사시사철 푸른 숲. 비자나무가 빼곡히 심겨 있다. 로컬 사람
들은 비가 오는 날 찾아가면 더욱 아름답다고 입을 모은다.

D. 성읍민속마을
제주 전통 가옥으로 이뤄진 마을로 제주 고유의 문화를
알리는 프로그램을 체험할 수 있다.

E. 신풍목장 p.027
넓게 펼쳐진 초원이 아름다운 바다 목장. 겨울마다 주민들
은 이곳에 감귤 껍질을 말리는데 그 풍경이 매우 아름답다.

3 Day

A. 큰엉해안경승지 p.052
로컬의 산책로이자 스냅 명소로 유명한 곳. 여유롭게
해안 길을 따라 걷다가 한반도 지형 앞에서 사진도 남겨
보자.

B. 서양차관 p.107
보목 해안도로를 달리다 보면 만날 수 있는 찻집. 홍차 및
블렌딩 티를 선호하는 사람이라면 방문해 보자.

C. 서귀포매일올레시장 p.133
서귀포 중심에 열리는 재래시장. 시장에서 로컬의 일상
도 구경하고, 분식집에서 모닥치기도 먹어보길 추천한다.

D. 돈내코계곡
로컬의 자연 수영장이라 불린다. 수풀을 헤치고 들어가
면 작은 폭포가 쏟아지고, 시원한 계곡에서 물놀이를
즐길 수 있다.

E. 공항

COURSES
5
THEME

액티비티, 가장 활기찬 제주 여행

바다부터, 숲, 산, 하늘까지, 제주의 아름다운 자연을
오감으로 느껴볼 수 있는 여행 코스를 소개한다.

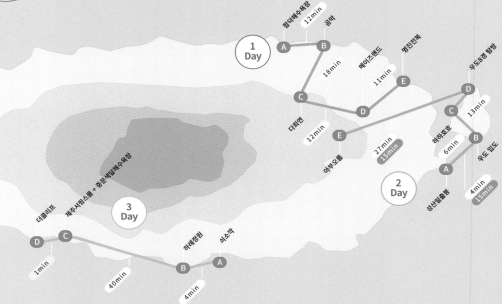

1 Day

A. 함덕해수욕장
수면이 얕고 잔잔해 스노쿨링 스폿으로 꼽히는 곳이다.
아름다운 에메랄드빛 바다 속을 탐험해보자.

B .곰막 p.090
회국수와 회덮밥 맛집. 제주의 싱싱한 회를 듬뿍 담아
내어준다.

C. 다희연 p.026
광활한 제주의 풍경 위로 짚라인을 탈 수 있는 곳. 시원한
바람을 맞으며 스릴 있는 체험을 해볼 수 있다.

D. 메이즈랜드
바람, 돌, 여자. 삼다(三多)를 주제로 조성된 테마 공원.
테마별로 다양한 미로를 체험할 수 있다.

E. 명진전복 p.089
다양한 전복 음식을 선보이는 맛집. 전복죽, 전복돌솥밥
등 고소한 전복 요리로 든든한 한 끼를 먹을 수 있다.

2 Day

A. 성산일출봉 p.027
일출이 아름답기로 유명한 성산일출봉. 정상에 올라 온
세상을 물들이며 떠오르는 해를 맞이해보자.

B. 우도 입도 p.073
다양한 해변이 밀집해 있고, 개성 있는 공간이 곳곳에
있는 우도는 제주와는 다른 매력을 느낄 수 있다.

C. 하하호호 p.073
점심 식사는 우도 안에 자리한 수제버거 전문점에서!
두툼한 패티와 제주의 특색을 담은 메뉴로 유명하다.

D. 우도8경 탐방 p.076
우도에는 아름답기로 유명한 8가지 풍경이 있다. 검멀레
해변에서 보트를 타고 8경을 둘러보는 것도 좋은 여행 방법!

E. 아부오름
15분이면 훌쩍 올라갈 수 있는 오름이다. 주위에 용눈이,
다랑쉬, 백약이 등 다양한 오름이 있으니 상황에 따라
골라 가면 된다.

3 Day

A. 쇠소깍
제주의 지하수와 바다가 만나는 계곡. 푸른 물과 울창한
수림이 아름답다. 이를 구경하며 투명 카약을 탈 수 있다.

B. 하례정원 p.097
아담한 정원에 피크닉을 온 것 같은 분위기에 이탈리안
레스토랑. 해산물을 올린 푸짐한 음식을 맛볼 수 있다.

C. 제주서핑스쿨 + 중문색달해수욕장 p.061
중문해변에 인근에 있는 제주에서 가장 오래된 서핑
스쿨. 초보자부터 레벨에 맞게 강습해준다.

D. 더클리프 p.117
중문해변이 눈앞에 펼쳐져 오션뷰를 자랑하는 카페
겸 바. 주말에는 온종일 DJ가 음악을 선곡해 디제잉하며
틀어준다.

E. 공항

단위 - 분(min)　차량 -　　도보 -　　선박 -

COURSES
6
THEME

SNS 핫플레이스 여행

SNS에서 핫한 제주의 장소들만 모아 봤다. 제주의 추억이 담길 예쁜 인생 사진은 덤!

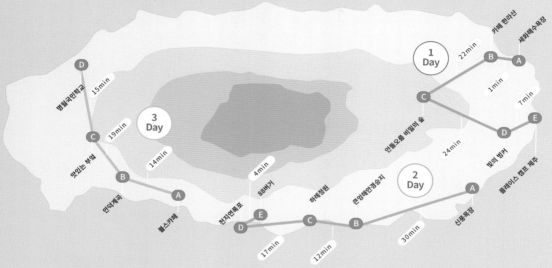

1 Day

A. 세화해수욕장
에메랄드빛 바다를 품은 작은 해변.

B. 카페 한라산 p.055
세화 바다를 배경으로 빈티지한 TV 액자를 전시해두어 그 안에서 사진을 찍을 수 있다. 맛있는 당근 케이크도 먹어 보자.

C. 안돌오름 비밀의 숲
안돌오름 인근에 자리한 숲. 거대한 편백나무 길을 따라 들어가면 숨은 초원이 등장한다. 사유지이기에 입장료를 내야 출입이 가능하다.

D. 빛의 벙커 p.068
유명 화가의 작품을 빛과 조명, 음악, 기술을 통해 보여 주는 몰입형 미디어아트관. 사진도 찍고, 작품에 몰입하다 보면 시간이 훌쩍.

E. 플레이스 캠프 제주 p.137
호텔이자 복합문화공간. 토요일마다 프리마켓이 열리고, 소품숍과 다양한 음식점이 있다. 대만음식점 샤오츠가 대표적!

2 Day

A. 신풍목장 p.027
바다를 옆에 낀 목장은 그 자체로도 아름답지만 겨울이 되면 드넓은 목장 대지 위에 노오란 감귤 껍질을 말린다. 이는 제주에서만 볼 수 있는 풍경이다.

B. 큰엉해안경승지 p.052
사진 명소로 SNS에서 핫한 곳이다. 바로 한반도 지형의 사진 스폿 때문. 우리나라의 지도 앞에서 예쁘게 사진을 찍어보자.

C. 하례정원 P.097
아담한 정원으로 피크닉을 온 것 같은 분위기를 풍기는 이탈리안 레스토랑. 해산물을 올린 음식은 예쁘기도 하고 맛도 좋다.

D. 천지연폭포
어둑해진 늦은 오후에 찾아가는 것을 추천한다. 산책길을 따라 들어가면 등장하는 폭포는 저녁이 되면 조명에 빛나 더욱 아름답고 웅장하다.

E. 88버거 p.099
흑돼지 수제버거를 판매한다. 두툼한 패티에 신선한 채소를 얹은 버거는 풍족하게 먹기에도 인증샷을 남기기에도 충분하다.

3 Day

A. 볼스카페 p.114
베이커리 카페. 감귤창고를 개조해 감귤밭으로 둘러싸여 있다. 덕분에 푸릇한 창밖 풍경은 좋은 사진 속 배경이 되어준다.

B. 안덕계곡
숲으로 둘러싸인 계곡은 신비롭고 아름다워 많은 이가 찾는다. 여름이 되면 물놀이를 하는 이와 사진을 찍는 이들로 가득하다.

C. 맛있는 풀부엌 p.098
제주의 자연이 길러낸 돼지, 해녀가 잡아들인 뿔소라, 제주에서 나고 자란 달래 등의 식자재를 사용해 프랑스식 요리를 만들어 내는 곳.

D. 명월국민학교 p.101
폐교를 개조해 만든 공간으로, 레트로한 인테리어로 사진 명소가 되었다. 파란색 학교 대문 앞에서 사진을 찍어보자.

E. 공항

SPECIAL PLACES

뉴트로 감성을 품은 제주의 원도심과 개성 있는 공간들이 숨어 있는 제주의 시골 마을
종달리. 각자 다른 매력으로 여행자들의 발길을 이끄는 제주 여행지 두 곳을 소개한다.

01

THE OLD CITY CENTER OF JEJU : 뉴트로 투어, 제주 원도심

02

JONGDAL-RI : 제주 마을 여행, 종달리

THE OLD CITY CENTER OF JEJU

뉴트로 투어, 제주 원도심

제주 원도심

오랜 시간 제주의 입구이자 중심이었던 원도심. 다양한 물자가 오가고 수많은 사람으로 북적이던 동네는 그때의 영광이 사라진 지 오래다. 그러나 그 흔적만은 골목 곳곳에 스며들어 있는데, 최근 이를 발판 삼아 또 다른 문화가 꽃피우고 있다. 동네의 레트로한 느낌은 그대로 유지하면서 개성 있는 가게들이 공간을 차지하기 시작한 것. 주변에 동문시장, 산지천, 탑동 해안가까지 본래 동네가 지니고 있던 것들과 어우러지며 활기를 불어넣고 있다. 이곳에는 다시금 새로운 바람이 분다.

THE OLD CITY CENTER OF JEJU
제주 원도심

a. 리듬
b. 제주목 관아 & 관덕정
c. 남수각 하늘길 벽화거리
d. 모퉁이웃장
e. 마음에온
f. 산지천

a. 리듬 RHYTHM AND BREWS

원도심 중간에 우뚝 솟은 태평목욕탕. 리듬은 이 오래된 목욕탕 건물을 개조한
카페이자 문화공간이다. 제주 구도심에 다시 활기를 찾아오는데 한몫했던
카페 '쌀다방'이 자리를 옮겨와 새 이름을 가졌다. 1층은 카페 공간이, 2층은
작가의 작품과 소품 등을 판매하는 숍이 있다.

b. 제주목 관아 & 관덕정

과거 제주의 시청 역할을 했던 관아다. 화재로
인해 폐허가 되는 사건도 있었지만, 무려
600년이란 시간 동안 같은 자리에서 제주의
시간을 함께했다. 관덕정은 관아 바로 앞에
자리한 건축물로 제주에서 가장 오래됐으며 오래
전부터 제주 사람들의 약속 장소로 이용됐다.
차가 달리고, 높은 건물이 세워진 제주의 도심
속에 자리한 옛 건물들은 일상 속에 여유를
선사해준다.

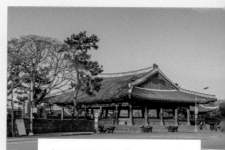

Ⓐ 제주시 관덕로 7길 13 Ⓣ 064-710-6714
Ⓗ 매일 9:00-18:00 Ⓟ 어른 1,500원,
군인 800원, 어린이 400원, 제주도민 무료
Ⓜ Map → 3-★8

Ⓐ 제주시 무근성 7길 11 Ⓣ 070-7785-9160
Ⓗ 11:00-20:00(목요일 휴무) Ⓜ Map → 3-C2

Tip.

16세기 후반 산지천 상류에 지어진 다리의
이름이다. 홍수가 날 때마다 파괴되고
보수, 증축되기를 반복하다 현재는 그 터만
남아있고, 마을 이름으로만 사용하고 있다.

d. 모퉁이웃장

이름 그대로 골목 모퉁이에 자리한 빈티지
숍이다. 파란 페인트로 칠해져 있는 건물이지만
모퉁이에 있는 데다가 워낙 작은 규모라 그냥
지나치기 십상이다. 그러나 공간 규모에 비해
다양한 빈티지 제품을 만날 수 있다. 한 사람이
겨우 지나갈 만한 공간에는 반지와 같은
액세서리부터 직접 만든 가죽 제품, 다양한
출신을 가진 빈티지 옷과 가방들이 나란히 자리
잡고 있다.

c. 남수각 하늘길 벽화거리

동문시장 근처 작은 마을 골목에 '행복한 남수각 마을'이란 주제로
다양한 작가들이 참여해 그려 놓은 벽화들을 감상할 수 있는 곳.
220m 정도 되는 골목길에 빼곡히 들어찬 알록달록한 벽화들을 따라
거닐다 보면 30분은 금방 지나간다.

Ⓐ 제주시 중앙로13길 32
Ⓜ Map → 3-★10

Ⓐ 제주시 중앙로12길 40 Ⓣ 010-3527-7384
Ⓗ 매일 11:00-19:00 Ⓜ Map → 3-S3

Plus.

아라리오 뮤지엄 동문 모텔

산지천 옆에 자리 잡은 빨간 건물. 어디서든 눈에
띄는 이곳은 동문 모텔을 개조해 문화 공간으로
재탄생시킨 아라리오 뮤지엄이다. 모텔 객실의
모습을 그대로 살려 박물관으로 만들어 이를
배경으로 다양한 예술 작품을 선보인다.

Ⓐ 제주시 산지로 37-5   Ⓣ 064-720-8202
Ⓗ 10:00-19:00(월요일 휴무)   Ⓜ Map → 3-★9

e. 마음에온

동문시장 인근에 자리한 한옥카페. 유명
브랜드 매장이 나란히 서 있는 칠성로 거리 한
가운데, 입간판을 따라 좁은 골목으로 들어가면
등장한다. 한옥 그대로의 모습을 살린 내부는
고즈넉한 분위기를 풍긴다. 다양한 음료 메뉴와
더불어 곶감, 약과 등 한옥카페에 걸맞은
디저트도 판매한다.

Ⓐ 제주시 칠성로길 29-1
Ⓣ 010-6605-0953
Ⓗ 10:00-20:00(금요일 휴무)
Ⓟ 아메리카노 3,800원, 상주 곶감 2,000원
Ⓜ Map → 3-C3

f. 산지천

제주 도심을 관통해 제주항까지 이르는 산지천은
제주도민들의 쉼터이자 도심의 중심지이다.
산업화가 급격히 이루어지던 1960년대, 주거
밀집으로 오염되자 복개됐던 하천은 다시 복원
작업이 진행돼 2002년 지금의 모습을 찾았다.
잔잔히 흘러가는 하천과 함께 광장, 분수대,
운동 공간 등이 함께 조성돼 문화 및 휴식
공간으로서의 역할을 톡톡히 하고 있다.

Ⓐ 제주시 이도1동   Ⓣ 064-728-4412

Plus.

제주책방 & 제주사랑방

1949년 지어진 민간 주택인 고 씨 주택이 주민 공유공간이자 책방으로 다시 살아났다. 빈
공간이던 이곳은 철거 예정이었지만, 원도심의 정취와 일제강점기의 건축양식을 보여준다는
점에서 가치를 인정받았다. 2017년 복원되어 현재 다양한 이벤트들이 이뤄지고 있다.

Ⓐ 제주시 관덕로17길 27-1   Ⓣ 064-727-0636
Ⓗ 매일 12:00-20:00(설날, 추석 연휴 휴무)

JONGDAL-RI
제주 마을 여행, 종달리

종달리

제주 동쪽의 끝에 자리한 조그마한 마을, 종달리.
제주 하면 기대할 예쁜 해변을 앞에 두고 있지도,
푸르른 숲을 품고 있지도 않다. 그렇지만 돌담을
친구삼은 밭들이 이어져 있고 알록달록 지붕을
가진 집들이 골목마다 정겹게 마주하고 있는
곳. 이곳에 여행자들이 발걸음하기 시작한 건,
개성 있는 가게들이 마을에 하나둘 스며들기
시작면서다. 소박한 제주의 풍경을 잃지
않으면서도 여행자들이 즐겁게 쉬어가기
좋은 스폿들이 곳곳에 숨어 있는 종달리를
거닐어보자.

JONGDAL-RI 종달리

a. 소심한 책방
b. 카페 제주동네
c. 달리센트
d. 책약방
e. 플레이스엉물
f. 필기

Jongdal-ri

b. 카페 제주동네

2014년 1월에 문을 연 카페 제주동네는 종달리 최초의 카페이다. 큰 창으로 옹기종기 모여 있는 마을의 집들이 한눈에 보인다. 한적한 마을을 바라보며 느긋하게 시간을 보내기 좋은 곳. 제주 구좌 당근을 사용한 당근 빙수와 직접 내려주는 핸드드립 커피가 맛있다. 날씨가 좋은 날엔 옥상에 올라가 마을 전경과 성산일출봉을 바라보며 커피 한잔하기 좋은 곳이다.

a. 소심한 책방

2013년, 조용한 제주 시골 마을이었던 종달리에 생긴 작은 책방. 게스트하우스 수상한 소금밭을 운영하던 이들이 많은 이의 염려를 받으며 연 책방은 모두의 예상을 깨고 현재까지도 성황리에 운영되고 있다. 새롭게 단장한 책방 안에는 유명 작가의 책부터 개성 강한 독립출판물, 작가들이 직접 만든 소품들까지 아기자기하게 정리되어 있어 구경하다 보면 시간이 훌쩍 흘러간다.

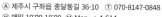

Ⓐ 제주시 구좌읍 종달동길 36-10　Ⓣ 070-8147-0848
Ⓗ 매일 10:00-18:00　Ⓜ Map → 4-S14

Ⓐ 제주시 구좌읍 종달로5길 23　Ⓣ 070-8900-6621
Ⓗ 10:00-16:30 (일요일 휴무)
Ⓜ Map → 4-C5

Plus.

순희밥상

종달리에 자리한 푸짐한 가정식
백반식당. 갈치조림, 고등어구이,
성게미역국 정식 등의 메뉴가 있으며
엄마가 차려준 듯한 푸짐한 한 끼를 먹을
수 있다. 가격도 저렴한 편.

Ⓐ 제주시 구좌읍 종달로5길 38
Ⓣ 064-783-3257
Ⓗ 11:30-20:00(일요일 휴무, 브레이크 14:30-
17:30) Ⓟ 순희밥상 8,000원(2인 이상) 고등
어구이 1만 2,000원

Tip.

제주도의 많은 가게는 정식 휴무일이
아니더라도 문을 닫는 날이 종종 있다. 그럴
경우 SNS로 공지하니 방문 전 확인은 필수!

c. 달리센트

종달리 밭 한가운데 덩그러니 놓여있는
창고를 개조한 인센스 전문 편집숍.
종달리가 고향인 잡지사 에디터 출신의
주인이 수년간 모아온 향 관련 제품들을
만날 수 있는 곳으로, 컬렉션의 규모가
전국에서도 으뜸 수준이다.
너무 많은 종류가 있어 무엇을 살지
고민이 된다면 주인장에게 추천을 받자.
어울릴 만한 제품을 전문가답게 간결하고
이해하기 쉽게 알려주고 제안해 준다.
사방으로 뚫려 있는 창문 밖 풍경과 그
창문들을 타고 들어오는 따사로운 햇볕은
이곳의 분위기를 더욱 빛나게 한다.

d. 책약방

종달리 마을 초입에서는 벽면에 아이들의
낙서가 가득한 하얀 집을 만날 수 있다. 이곳은
무인책방으로 누구나 들어와 시간을 보내고
돌아가는 곳이다. 내부는 여러 장난감들이
뒤엉켜 있고, 다양한 동화책들이 꽂혀 있다. 방
곳곳에서는 머물다 간 이들이 적어둔 메모들을
찾을 수 있다. 마치 누군가의 어린 시절 방을
엿본 듯한 느낌을 주는 이곳은 동네 아이들의
놀이터이자 여행자들의 쉼터가 되어준다.

Ⓐ 제주시 구좌읍 종달로5길 11
Ⓜ Map → 4-S13

Ⓐ 제주시 구좌읍 종달리 1991
Ⓣ 010-3268-5247
Ⓗ 매일 13:00-17:00(SNS 참고)
Ⓘ @dalriscent_official
Ⓜ Map → 4-S12

Ⓐ 제주시 구좌읍 종달리 756 Ⓣ 070-7787-1515
Ⓗ 10:00-20:00(목요일 휴무) Ⓜ Map → 4-C6

Tip.

엉물

예로부터 제주도는 맑은 물(용천수)이 솟는 곳 주변으로 마을이 형성되었다. 종달리는 이 용천수를 '큰 돌 아래(엉덕)로 물이 솟아난다' 하여 엉물이라 불렀다. 과거 마을 사람들은 이곳에서 물을 길어 마시다가 이후에는 빨래터로 사용했다. 예전만큼은 아니지만 지금도 큰 바위로 물이 흐르고 있다.

e. 플레이스엉물

밭담 길을 옆에 끼고 한적한 마을 골목을 걷다 보면 만나게 되는 카페. 엉물 옆에 자리하고 있어 이름이 플레이스엉물이다. 빈티지스러운 소품들로 꾸며진 내부는 아늑하고, 긴 창으로 동네 풍경이 보이는 2층은 왠지 비밀스러운 다락방에 올라간 기분이 들게 한다. 다른 종달리 카페에 비해 비교적 최근 생긴 카페이지만, 주인장은 종달리에서 나고 자랐다고. 그래서인지 이곳은 밭들로 이루어진 마을 풍경 속에 자연스럽게 녹아 있다.

Ⓐ 제주시 구좌읍 종달로7길 8-1
Ⓣ 010-9340-1342
Ⓗ 13:00-17:00(화, 수요일 휴무)
Ⓜ Map → 4-S13

Plus.

지미봉

종달리 어디에 있든 우뚝 솟은 지미봉의 존재감을 느낄 수 있다. 해발 166m로 낮은 편이지만 경사가 심해, 다른 일반적인 오름보다는 오르기 힘들게 느껴질 수 있다. 그러나 정상에 올랐을 때, 눈앞에 펼쳐지는 광경은 그 모든 힘듦을 상쇄한다. 오밀조밀 모여 있는 종달리 마을부터 넓게 펼쳐지는 푸릇푸릇한 밭들, 성산일출봉과 우도를 품은 파란 바다까지. 특히 일출 시간에 가면 우도 위로 해가 떠올라 종달리 마을 전체를 물들이는 아름다운 광경을 볼 수 있다.

Ⓐ 제주시 구좌읍 종달리 산3-1

f. 필기

아날로그 글쓰기 작업실이자 스테이셔너리숍. 다양한 나라에서 수집한 필기 용품들을 판매하는 동시에, 오래된 타자기로 글 작업을 할 수 있도록 공간을 대여해준다. 창밖으로 보이는 돌담길을 바라보며 제주에서의 시간을 정리하기에 좋다.

SPOTS TO GO

스냅사진 여행부터 휴양과 액티비티까지 제주를 여행하는 방법은 다양하다.
테마에 맞춰 선별한 스폿에 따라 자신의 여행을 채워보자.

IhoTewoo Beach 이호테우해수욕장

JEJU
IN SNAPSHOT

사진 속 제주를 찾아서, 스냅사진 명소

아름다운 제주의 풍경을 배경으로 찍은 행복한 모습은 두고두고 남겨두고 자랑하고 싶기 마련이다.
제주에 뒤따르는 수많은 해시태그 중 스냅사진이 가장 먼저 등장하는 것도 그 이유다. 그러나 제주의
풍경들을 그냥 배경으로만 남겨두기에는 아쉽다. 일명 '인생 사진'의 배경이 되어 주는 동시에
제주 고유의 이야기까지 간직한 장소들을 소개한다. 스냅사진을 찍는 포인트 장소도 참고할 것!

POINT

토성으로 내려가면 등장하는 나 홀로 서 있는 나무가 포토 스폿! 푸르른 토성과 파란 하늘, 아름다운 제주의 색감을 함께 사진 속에 담을 수 있다.

JEJU

항파두리항몽유적지

과거 최후까지 몽골에 항쟁한 삼별초가
마지막으로 저항하며 머물렀던 성. 삼별초가
패한 후 그대로 방치되다가 76년 제주 기념물로
지정되고 이후 복원작업이 진행되었다. 넓은
부지의 토성은 곳곳마다 그 당시의 이야기가
녹아 있지만, 녹차밭, 유채꽃밭, 청보리밭,
해바라기꽃밭 등 제주의 자연 또한 품고 있다.
그 때문에 이를 배경으로 사진을 남기는 이들과
나들이를 나온 가족들로 가득하다.

Ⓐ 제주시 애월읍 항파두리로 50
Ⓗ 매일 8:30-18:00(동절기에는 9:00 오픈)
Ⓟ 무료 Ⓜ Map → 5-★29

POINT

입구에서 길을 따라 왼쪽으로 들어가면
고즈넉한 건물 지붕 위로 길게 벚꽃 나뭇가지
가 이어져 있는 모습을 볼 수 있다. 그 아래에
서서 사진을 찍는 것이 포인트.

JEJU

제주삼성혈

봄이 찾아오면 삼성혈에는
사람들이 북적이기 시작한다.
이곳에 벚꽃이 흐드러지게 피기
때문. 그 앞에 서서 사람들은
너도나도 사진을 찍는다. 이곳
삼성혈은 제주의 시작을 알린 장소이다.
이곳 땅에서 제주의 고유 성씨인 양 씨, 부
씨, 고 씨의 시조인 3신인이 솟아났다고 전해진다.
푸른 잔디밭에서 그들이 나왔다는 구멍을 발견할 수 있다. 그들의
후손이라 알려진 이들이 관리하고 운영하고 있다. 삼성혈은 수백 년 된
고목들과 푸른 잔디, 제주의 정취를 품고 있는 전시관, 그리고 역사를
잇고자 하는 마음까지, 벚꽃 외에도 아름다운 것들이 자리한다.

Ⓐ 제주시 삼성로 22 Ⓣ 064-722-3315
Ⓗ 매일 9:00-18:00(입장 마감 17:30, 1/1, 설날, 추석 10:00 개장)
Ⓟ 성인 4,000원 Ⓜ Map → 3-★11

POINT

마치 한반도 지형 안에 서 있는 듯 자리
잡고 사진을 찍으면 된다. 바다의 수평선을
한반도 모양 중앙에 맞추는 것이 포인트!

(JEJU)

금오름

두 개의 봉우리가 있으며 그 가운데에 거대한
분화구가 있다. 분화구에는 호수가 조성되었는데,
이를 산정화구호라 부른다. 예전에는 수량이
풍부하였으나 현재는 거의 메마른 상태. 물이 가득
찬 모습을 보고 싶다면 비가 온 다음 날에 가길
추천한다. 그 옆으로는 말들이 풀을 뜯고 있는 모습도
볼 수 있어 더욱 그림처럼 느껴진다. 원래 로컬들이
알음알음 찾아가던 곳이었으나 이효리의 뮤직비디오
촬영지로 알려지면서 유명해졌다. 금악마을에
자리하고 있어 금악오름이라 부르기도 한다.

Ⓐ 제주시 한림읍 금악리 산1-1
Ⓜ Map → 5-★15

POINT

분화구 전체와 그 옆에 초원, 하늘까지
사진에 담기도록 찍어야 한다. 광활한 제주
의 자연 속에 아름답게 동화된 자신의
모습을 연출할 수 있다.

(SEOGWIPO)

큰엉해안경승지

큰 바위가 바다를 집어삼킬 듯이 입을 크게 벌리고 있는 언덕이란 뜻을 가진
곳. 이곳의 산책로는 주민들의 휴식처이고, 해안가는 낚시꾼들이 월척을
꿈꾸는 스폿이다. 그러나 한가롭던 산책로의 한 지점에 관광객들이 몰리기
시작했다. 산책로를 가운데 두고 양옆으로 빼곡히 심겨 있는 나무들이 어느
지점에서 절묘하게 만나 한반도의 모습을 하고 있기 때문. 자연이 만들어낸
신기한 형상으로 인해 로컬들의 숨은 명소가 널리 알려졌다.

Ⓐ 서귀포시 남원읍 태위로 522-17 Ⓜ Map → 6-★17

(JEJU)

도두봉

POINT

오름 정상에는 좁은 길을 사이에 두고
하늘에서 나뭇가지들이 만난다.
그 아래 공간이 생기는데, 일명 키세스존으로
이곳에 들어가 사진을 찍어보자!

도두봉은 해발 63.5m로 오름 중에서는 낮은 편에 속한다. 그러나 정상에
올라서면 탁 트인 시야로 끝이 안 보이는 바다가 넓게 펼쳐져 있고, 우뚝 솟은
한라산 앞으로 자리한 오밀조밀 건물들이 한눈에 보인다. 특히 이곳은 일몰
명소이기도 한데, 해가 떨어지며 바다와 하늘을 붉게 물들이고, 그 앞으로
비행기가 지나가는 장관을 볼 수 있다. 로컬 사이에서는 산책하기 좋은
오름으로 유명해, 아침저녁마다 가벼운 운동을 하는 주민들을 목격할 수 있다.

Ⓐ 제주시 도두일동 산1 Ⓜ Map → 3-★4

Tip.

금오름은 아래로 보이는 풍경이 예쁘고
바람이 많이 불어 패러글라이딩을 하는
장소로도 유명하다.

SEOGWIPO

백약이오름

백 가지의 약초를 품고 있다고 하여 백약이오름이라 부른다.
오름이 밀집해 있는 제주 동부 지역에 자리한 오름으로, 가파르지
않아 편하게 산책하기 좋다. 오름 하단에는 소들이 방목되어
있다. 무엇보다 백약이오름이 특별한 것은 정상까지 오르는 길.
낮은 계단이 층층이 연결되어 있어 마치 하늘로 걸어 올라가는 것
같다고, '하늘로 오르는 계단' 혹은 '천국의 계단'이라 불린다.

Ⓐ 서귀포시 표선면 성읍리 산 1 Ⓜ Map → 4-★12

SEOGWIPO

산방산이 보이는 배경을 뒤로하고 사진을 찍으면 이
곳만의 특별한 사진이 완성된다
POINT

안덕면 수국길

수국으로 유명한 여러 곳 중 안덕면사무소 앞 도로에 핀 수국길은 멀리
산방산을 함께 바라볼 수 있어 그 풍경이 조금 더 특별하다. 주차 공간은
따로 없어 면사무소에 주차해야 하며, 차가 많이 다니는 곳이니 길을 건널
때 조심하자. 오랫동안 관리해 온 곳이라 다른 지역보다 수국의 크기가 크고
아름답다. 면사무소 바로 길 건너에 있는 버스정류장을 포인트로 찍어도
예쁘고, 멀리 솟아 있는 산방산을 흐릿한 배경으로 두고 사진을 찍어도 좋다.

Ⓐ 서귀포시 안덕면 화순서서로 74 안덕면사무소 Ⓜ Map → 5-★21

POINT

오름을 중반쯤 올랐을 때 계단에 서서
방향을 오름 아래가 아닌, 위로 향하게
찍는 것을 추천! 푸르른 오름과 하늘로 이어지는
계단을 예쁘게 담을 수 있다.

JEJU

큰 나무를 배경으로 노을 질 때 사진을 담아보자!
POINT

와흘메밀마을

연중 내내 온화한 기후로 제주는 메밀을 1년에 두 번 심어 수확할 수
있다. 마치 들판에 일렁이는 파도의 포말 같은 메밀꽃은 메밀재배가 많은
표선면과 신화월드 근처 곳곳에 산재해 있는데 특히 이곳 와흘메밀마을은
차를 주차하고 여유롭게 사진을 찍을 수 있는 아직 잘 안 알려진 공간. 해가
질 무렵 도착해 노을 색에 물드는 메밀꽃을 배경으로 찍으면 몽환적인
사진이 연출된다. 순백의 드레스와 잘어울리는 메밀꽃은 웨딩 스냅
아이템으로도 안성맞춤!

Ⓐ 제주시 조천읍 남조로 2455 Ⓜ Map → 3-★6

Plus.

클랭블루

Ⓐ 제주시 한경면 한경해안로 552-22

Ⓗ 매일 11:00-20:00

신창 풍차 해안도로를 배경으로 사진을 찍는 가장 현명한 방법은 카페 클랭블루를 찾아가는 것이다. 거대한 풍차와 바다가 이곳의 큰 창에 소담히 담기기 때문. 그 앞에 앉기만 해도 자연스럽게 인생 사진이 완성된다.

POINT

JEJU

신창 풍차 해안도로

제주도 서쪽에 이어지는 해안도로 중 바다 위로 거대한 풍차가 연이어 서 있는 모습을 볼 수 있는 구간이 있다. 이곳은 신창 풍차 해안도로로, 바람을 통해 에너지를 얻기 위해 해상풍력단지가 조성되어 있는 것. 에너지를 위해 설치해놓은 것이지만, 그 모습이 장관이라 하나의 여행지로 꼽히고 있다. 이곳에 대해 몰랐던 이도 우연히 지나가다가 걸음을 멈추고 사진을 찍어갈 정도로 사진 명소이기도 하다.

Ⓐ 제주시 한경면 신창리 1322-1 Ⓜ Map → 5-★2

JEJU

새별오름

'저녁 하늘에 샛별과 같이 외롭게 서 있다'는 의미를 가진 오름. 과거에는 가축을 방목하는 장소로만 사용돼 이름의 뜻이 딱 맞아떨어졌지만, 지금은 많은 이가 찾는 오름이 되었다. 오름 아래로 펼쳐지는 억새밭과 정상에 오르면 보이는 풍경이 아름답기로 소문이 났다. 30분 남짓 걸어 올라가면 저 멀리 제주 서쪽에 자리한 비양도까지 한눈에 들어온다. 또한 이곳에서는 3월마다 새별오름 들불 축제가 열리는 것으로 유명하다. 방목하는 가축들에게 새로운 풀을 먹이기 위해 들불을 놓아 해충과 해묵은 풀들을 모두 태워버리던 제주의 문화가 축제로 발전한 것이다.

Ⓐ 제주시 애월읍 봉성리 산59-8 Ⓜ Map → 5-★13

Plus.

새빛

Ⓐ 제주시 애월읍 평화로 1529

Ⓗ 매일 09:00-19:00

Tip.

새별오름의 서쪽은 경사가 가파르기로 유명하다. 천천히 산책하듯 즐기고 싶은 사람은 오른쪽 길을 이용할 것.

새별오름 바로 옆에 자리한 카페 새빛(p.096)의 큰 창은 오름의 모습을 온전히 담기에 충분하다. 특히 2층의 아치형 창 쪽으로 비스듬히 서면 오름과 함께 자신의 모습을 사진 속에 담을 수 있다.

POINT

POINT

목장 내에는 우유부단이라는 카페가 자리하고 있는데,
헤쉬폰과 머물어 스냅 명소로 꼽힌다. 카페 앞에 자리한
우유갑 모양의 조형물 안에서 사진을 찍으며 푸른 목장을
배경으로 예쁜 추억을 남길 수 있다. 카페에서 판매하는 유기농
우유 아이스크림과 밀크티도 먹어보길 추천!

Plus.
우유부단
Ⓐ 제주시 한림읍 금악동길 38
Ⓗ 매일 10:00-18:00

JEJU

세화해수욕장

해변이 이어져 있는 제주도 동부. 그중에서도
세화해수욕장은 로컬들이 가장 아름다운
바다를 꼽을 때 자주 언급되는 해변이다. 규모는
작지만 해변은 에메랄드빛 바다를 온전히 품고
있으며, 이는 하얀 모래사장과 대비되어 더욱
빛난다. 운이 좋으면 돌고래가 헤엄치는 것도 볼
수 있다. 이곳은 해변을 중심으로 카페들이 모여
있는데, 이곳에서 예쁜 세화 바다를 배경으로
사진을 찍을 수 있다.

Ⓐ 제주시 구좌읍 해녀박물관길 27 Ⓜ Map → 4-★16

JEJU

성이시돌목장

넓게 펼쳐진 초원 위로 말들이 뛰어다니는
목장으로, 테쉬폰이라는 건축물을 만날 수 있는
곳이다. 테쉬폰은 아치형으로 생긴 건축물로
우리나라에는 제주에서만 그 모습을 발견할
수 있다. 성이시돌목장의 테쉬폰은 이라크
바그다드에서 건축되던 유형으로, 1960년대에
지어졌으며 숙소 및 사료 창고로 사용되었다.
현재는 독특한 외관에 많은 이가 건물 앞에서
스냅사진을 찍기로 유명하다.

Ⓐ 제주시 한림읍 산록남로 53 Ⓗ 무료 Ⓜ Map → 5-★14

Plus.
카페 한라산
Ⓐ 제주시 구좌읍 면수1길 48
Ⓣ 064-783-1522 Ⓗ 매일 9:30-21:00

카페 한라산은 세화해변 앞에 자리해 있는데, 해변을
배경으로 사진을 찍을 수 있는 포토존을 마련해두었다.
빈티지한 텔레비전에 들어가 사진을 찍으면 제주 바다와
특별한 기록을 남길 수 있다.

POINT

JEJU for relax

힐링을 원한다면, 제주의 숲

여행의 주요 키워드인 힐링. 제주는 이를 원하는 이들을 충족시키기에 매우
훌륭한 여행지이다. 우거진 수풀 사이로 들어오는 햇빛, 지저귀는 새소리,
숨을 내쉴 때마다 느껴지는 상쾌하고 맑은 공기. 모든 요소가 휴식을 위해
존재하는 곳, 제주의 숲으로 초대한다.

Tip.

비자림의 땅은 화산 송이로 되어 있어 강한 붉은빛을 띤다. 특히 비가 와도 질척해지지 않는다는 특징을 가지고 있다.

(JEJU)

제주절물자연휴양림

나이 50세를 넘긴 삼나무들이 숲을 이룬 휴양림. 숲속의 집, 약수터, 연못, 잔디광장 등 삼나무 길 사이로 휴식을 즐길 수 있는 요소들이 곳곳에 있다. 울창한 수림 사이로 햇빛이 반짝이며 들어오는 광경은 신비롭기까지 하다. 이처럼 많은 이에게 휴식을 제공하는 삼나무는 감귤 나무를 바람으로부터 보호하기 위해 심어졌다. 다른 나무에 비해 빠르게, 또 높게 자라는 삼나무가 바람을 막기에 적격이었기 때문. 그렇게 쑥쑥 자란 삼나무들은 커다란 숲을 이뤄, 사시사철 푸르게 빛나는 제주의 풍경을 만들어냈다.

Ⓐ 제주시 명림로 584 Ⓣ 064-728-1510
Ⓗ 매일 9:00-18:00 Ⓟ 성인 1,000원
Ⓜ Map → 3-★16

(JEJU)

한라수목원

1993년 개원 이후 지금까지 제주 로컬들에게 좋은 산책로가 되어주고 있다. 특히 공항에서 차로 10분 거리밖에 되지 않아 편하게 들를 수 있다. 무료 개방이라는 이유로 주말에는 수많은 관광객이 몰리기도 한다. 무엇보다 이곳이 특별한 것은 제주의 자생 식물들을 보호하고 소개하는 공간이기 때문. 희귀 식물을 전시한 온실부터 산림욕장, 관목원, 수생식물원, 야생화원 등 다양한 화원이 조성되어 있다. 언뜻 보면 다 똑같은 수림처럼 보이지만, 자세히 살펴보면 신기한 모습을 한 개성 있는 제주의 식물을 만나볼 수 있다.

Ⓐ 제주시 수목원길 72 Ⓣ 064-710-7575
Ⓗ 매일 9:00-18:00(설날/추석 당일 휴관) Ⓟ 무료
Ⓜ Map → 3-★5

(JEJU)

비자림

500~800년생의 비자나무 2,800그루가 모여서 자생하는 숲이다. 숲 전체를 천연기념물로 삼았을 정도로 가치 있게 여겨지는 곳이기도 하다. 숲속에 비자나무들은 각각의 번호가 매겨져 관리되고 있는데, 1번을 달고 있는 나무가 산책로 마지막에 자리한 새천년비자나무이다. 비자림에서 가장 오래된 나무로, 크기가 어마어마하다. 새천년비자나무를 거쳐 한 바퀴 도는 데 소요되는 시간은 약 1시간 정도. 살아 숨 쉬는 숲을 그대로 만끽하며 걷기에 적당한 시간이다. 특히 로컬 사람들은 비 오는 날 비자림에 가는 것을 추천한다. 물을 머금고 생동감 있는 숲의 모습을 만날 수 있다고.

Ⓐ 제주시 구좌읍 비자숲길 55 Ⓣ 064-710-7912
Ⓗ 매일 9:00-17:00 Ⓟ 성인 3,000원 Ⓜ Map → 4-★11

(SEOGWIPO)

화순곶자왈

곶자왈은 숲을 뜻하는 곶과 덤불을 뜻하는 자왈을 합친
말로, 북방계 식물과 남방계 식물이 공존하는 독특한
숲이다. 그중 화순곶자왈은 푸르른 숲 사이에서 자유롭게
거니는 소들을 만날 수 있는 곳이다. 근처 목장에서
방목하는 소들이 숲까지 들어와 방문객들과 길을 공유한다.
생태탐방 숲길을 따라 전망대에 오르면 소들의 실제
거주지인 푸르른 목장이 옆으로 넓게 펼쳐져 있는 것을 볼
수 있다. 제주의 광활한 자연과 자유로움을 느낄 수 있는
숲이다.

Ⓐ 서귀포시 안덕면 화순서동로 151 Ⓜ Map → 5-★20

(SEOGWIPO)

청초밭

나란히 열을 맞춰 서 있는 삼나무길을
지나면 도착하는 청초밭은 270만 평
규모의 농장이다. 자연순환농법으로
유기농으로 채소를 재배하고, 자연
방목을 통해 축산을 하는 농장은 제주의 자연 그대로를 보존하고 있다.
겨울에 만날 수 있는 동백 군락, 화사한 봄을 만끽하게 하는 유채꽃밭,
가을의 제주를 수놓은 메밀꽃밭. 그리고 걷다 보면 자연스럽게 만날 수 있는
동물 친구들까지. 천연의 제주를 그대로 축소해 놓은 듯하다.

Ⓐ 서귀포시 표선면 성읍이리로57번길 34
Ⓣ 064-787-7811
Ⓗ 매일 10:00-18:00(입장 마감 17:00)
Ⓟ 성인 5,000원(오픈 전기차 1시간 대여 1만 원)
Ⓜ Map → 4-★13

꽃과 함께하는 휴식

SEOGWIPO

a. 카멜리아힐

동백 언덕이라는 이름에 걸맞게 500여 종의
동백나무 6,000그루가 모여 있는 수목원.
아시아에서 가장 큰 규모의 수목원으로, 약 6만
평의 부지를 자랑한다. 흔히 알고 있는 동백은
12월부터 2월 중순까지 피기에 겨울 한철
반짝이는 수목원이라 생각하기 쉽지만, 각기
다른 국적을 가지고 있어, 사시사철 새로운
동백을 볼 수 있다. 그 뿐만 아니라 이곳은
봄에는 튤립과 벚꽃, 여름에는 수국, 가을에는
숲이 단풍으로 물든다.

Ⓐ 서귀포시 안덕면 병악로 166 Ⓣ 064-792-0088
Ⓗ 매일 8:30-18:30(17:30 입장 마감)
Ⓟ 성인 9,000원 Ⓜ Map → 5-★22

SEOGWIPO

b. 휴애리 자연생활공원

제주 전통 체험형 공원으로 계절에 맞춰 꽃
축제를 개최하는 것으로 유명하다. 봄의 매화
축제부터 여름의 수국, 가을에 핑크뮬리, 겨울에
동백까지. 제주의 사계를 보여주는 곳. 그 뿐만
아니라 동물 친구들과 어울릴 수 있는 프로그램,
가을에서 겨울에 만날 수 있는 감귤 체험까지.
어린이부터 성인까지 제주의 다양한 모습을
만날 수 있는 곳이다.

Ⓐ 서귀포시 남원읍 신례동로 256 Ⓣ 064-732-2114
Ⓗ 매일 9:00-18:00(16:30 입장 마감)
Ⓟ 성인 1만 3,000원 Ⓜ Map → 6-★14

SEOGWIPO

c. 노리매

공원 한가운데 자리한 잔잔한 호수가 여유롭고
고즈넉한 분위기를 자아낸다. 곳곳에 자리한
꽃들은 그 위에 화사한 분위기를 덧댄다. 놀이와
매화를 합쳐 노리매란 이름을 갖게 되었지만,
이곳에는 매화뿐만 아니라 목련나무, 조팝나무
등의 나무들이 공원에 꽃들을 피워내 공원에
계절의 색깔을 입힌다. 또한 3d 영상전시
등 다양한 체험관도 있어 현대적 감성으로
여유로운 자연을 느낄 수 있는 곳이다.

Ⓐ 서귀포시 대정읍 중산간서로 2260-15
Ⓣ 064-792-8211 Ⓗ 매일 9:00-18:00(17:00 입장 마감)
Ⓟ 성인 9,000원 Ⓜ Map → 5-★18

SEOGWIPO

d. 보롬왓

제주어로 바람의 언덕이란 뜻을 가진 보롬왓. 그 이름에 걸맞게 이곳에서는
언제나 빼곡히 자리한 꽃들이 바람에 흩날리는 광경을 볼 수 있다. 튤립,
유채, 라벤더, 수국, 메밀까지 매번 다른 옷을 갈아 입는 꽃밭과 온실에서
아이들은 뛰놀고, 연인들은 사진을 찍으며 소중한 이와의 추억을 남긴다.

Ⓐ 서귀포시 표선면 번영로 2350-104 Ⓣ 010-7362-2345 Ⓗ 매일 08:30~18:00
Ⓟ성인 5,000원 Ⓜ Map → 4-★14

ENJOY
THE JEJU SEA

제주 바다를 만끽하는 방법, 서핑

한국 서핑의 시작을 알린 제주 바다는 서핑 입문자부터 고수까지, 실력과
상관없이 모든 이를 품어준다. 다만 제주의 서핑 스폿은 계절에 따라,
상황에 따라 특징을 달리하기에 미리 알아보는 것은 필수! 스폿별 특징과
주변 서핑 숍, 서퍼들이 추천하는 가게까지 한 번에 정리해 두었으니, 이제
푸르른 바다 위를 달려볼 차례다.

Huicheol Kim

김 희철
제주 서핑 스쿨 대표

Plus.

듀크 포인트 Duke Point
중문색달해변 옆 중문 해녀의 집 앞에 자리한 서핑 스폿. 리프로
되어 있으며 파도가 일정하게 깨지고, 센 편이라 상급자들이
선호한다. 초보자에게는 다소 위험하다. 처음 한국에 서핑
문화를 도입한 이의 이름에서 착안해 듀크 포인트라 부른다.

SEOGWIPO

중문색달해수욕장

우리나라에서 최초로 서핑이 시작된 곳으로
제주도 내에서 가장 먼저 언급되는 대표적인
스폿이다. 5월부터 10월까지는 남쪽에서
부는 바람에 의해 파도가 들어오는데,
중문색달해변은 제주도 가장 남쪽에 자리한
곳이다 보니, 파도가 잘 들어오는 곳으로
손꼽힌다. 이곳에서는 실력에 따라 서핑 스폿이
나뉜다. 우선, 해변 쪽에는 해수면 밑에 바닥이
암반(리프)보다는 모래가 많아 초보자들도
배우기 좋다. 다만 큰 파도가 자주 오기 때문에
조류에 떠밀리지 않게 항상 주의해야 한다. 두
번째 서핑 스폿인 듀크 포인트는 파도가 같은
장소에서 부서지는 포인트 브레이크로, 실력
있는 서퍼들이 찾는 곳이다.

Ⓐ 서귀포시 색달동　Ⓗ 064-760-4993　Ⓜ Map → 6-★1

제주서핑스쿨

1995년에 문을 연 우리나라에서 가장 오래된
서핑 클럽이다. 처음에는 서핑 동호회처럼
시작했다가 체계적인 서핑 강습을 진행하게
되었다. 지금은 중문뿐만 아니라 월정리,
인도네시아 발리에서도 서핑 강습을 하는 큰
규모를 자랑한다.

Ⓐ 서귀포시 색달동 일주서로 914　Ⓣ 010-5892-4242
Ⓗ 매일 6:00~19:00　Ⓤ jejusurf.com　Ⓜ Map → 6-★2

서핑을 하게 된 계기는?
일본에서 프로 서퍼로 활동하던 분 고향이
제주도예요. 그분이 휴가차 제주도에 왔다가
중문의 파도를 보고 이곳에서도 서핑하기
시작했습니다. 저도 그때 그분과 같이 어울리며
서핑을 본격적으로 시작했습니다.

서핑의 매력은?
질리지가 않아요. 계속 라인업으로 향하게 돼요.

서핑의 대중화에 대한 생각이 궁금해요.
서핑은 건전한 문화예요. 또한 많은 장비나
도움이 필요하지도 않습니다. 그렇기에 대중화는
좋은 현상이라고 생각합니다. 많은 사람이 이
문화를 즐겼으면 좋겠습니다.

제주 서핑 커뮤니티의 특징은?
제주 로컬 사람들이 운영한다는 특징이 있어요.
제주 바다에 대해 가장 잘 알고 있는 사람들이 서핑
스폿에 상주하고 서핑 숍을 운영하고 있으니 안전
문제나 서핑 질서에 대해서 관리할 수 있습니다.

RECOMMEND

듀크서프비스트로

제주 로컬 서퍼가 운영하는 타코 전문점. 제주 바다에서 서핑을 즐기는 주인장은
상호 또한 중문해수욕장에 유명한 서핑포인트인 '듀크 포인트'에서 착안했다.
패들, 비치 타워 등 서핑용품으로 공간을 꾸며 놓은 것도 이곳만의 정체성을
보여준다. 무엇보다 매콤 새콤한 피시 타코가 맛있는 곳이다.

Ⓐ 서귀포시 중문동 천제연로188번길 6-6　Ⓣ 070-8877-1251
Ⓗ 17:00-23:30(일요일 휴무)　Ⓜ Map → 6-R1

Yonghoon Sung

성 용훈
바구스서핑스쿨 대표

이호테우해수욕장

제주공항에서 가장 가까운 해수욕장으로 여행
동선에 무리 없이 찾아올 수 있다는 장점이
있다. 해변에 서퍼 인구가 많지 않은데다가
수심도 낮고, 바닥도 모래로 되어 있어 안전하다.
이호테우에서는 1년 내내 서핑할 수 있는데,
5월에서 10월은 남동풍이 불기 때문에 파도가
잔잔해 서핑 입문 장소로 적합하다. 반면
10월부터는 북서풍이 불기 때문에 파도가 잘
들어와 중고급 레벨의 서퍼들이 즐겨 찾는
스폿이다.

Ⓐ 제주시 도리로 20 Ⓜ Map → 3-★3

바구스서핑스쿨

이호테우해수욕장 바로 앞에 있어 해변과의
접근성이 좋은 서핑 숍이다. 제주 토박이이자
서핑 경력 15년 차인 성 용훈 대표가 운영하며,
국제 서핑 대회 심판 자격을 갖춘 실력 있는
서퍼들이 강습을 진행한다.

Ⓐ 제주시 테우해안로 143 Ⓣ 010-5649-9437
Ⓗ 매일 9:00-19:00(일몰 전까지 운영)
Ⓤ www.jejubagus.com Ⓜ Map → 3-★2

제주시새우리

바구스 내부 칠판에 적힌 맛집 리스트에 이름을 올린 김밥 및 컵밥 전문점.
제주점이 공항 근처 원도심쪽에 자리해 있어, 서핑하러 오기 전 혹은
서핑한 후 간편하게 배를 채우기에 좋다. 특히 제주도산 딱새우를 넣은
딱새우 김밥이 유명하다.

Ⓐ 제주시 무근성7길 24 Ⓣ 064-900-2527 Ⓗ 매일 9:00-19:30 Ⓜ Map → 3-R13

서핑하게 된 계기는?

서핑한 지는 15년 정도 되었습니다. 원래
수영을 좋아해 자주 했었어요. 그때도
중문에서 바다 수영을 하고 있는데, 서핑하는
사람들을 만났어요. 그때만 해도 한국에서
서핑이 가능할 거란 생각을 하지 못했었습니다.
우연한 기회에 그들을 만났고, 입문하게
되었습니다.

제주 서핑 커뮤니티의 변화는?

서핑 인구가 많이 늘었습니다. 바구스가
제주에서 네 번째로 연 서핑 숍이었는데, 지금
제주에만 40여 개의 서핑 숍이 있어요.

이호테우해변 외에 다른 곳에서도 서핑 숍도
운영하고 있다고 들었어요.

하도바다에서도 바구스 다른 지점을
운영하고 있습니다. 또한 곽지해수욕장에서
서피플이라는 이름으로 패들보드와 서핑 숍을
같이 운영합니다.

서핑의 매력은?

매력이 끝이 없어요. 서핑은 항상 새로움을
느낄 수 있어요. 정해진 매뉴얼이 없고
매일매일 평생 다른 파도를 탈 수 있습니다.
15년 정도 서핑을 했지만 내일은 지금까지 한
번도 접해보지 못한 파도를 마주합니다. 그래서
매일 설레요.

Minseung Kim

김 민승
더블루웨이브 대표

사계해변

조용한 제주 시골 마을에 자리한 해변. 유명
관광지가 아니라 한적한 분위기를 풍긴다.
전반적으로 파도도 작게 들어오고 인적도
드물어 초보자들이 서핑 수업을 받기에
적합하다. 날씨에 따라 파도가 다르고 이에 따라
초·중·상급자들이 모두 즐길 수 있다. 서핑
타기 가장 좋은 시간대는 간조 기준으로 3시간
전후. 간조 시간은 매일 달라지기 때문에 미리
확인해봐야 한다.

Ⓐ 서귀포시 안덕면 사계리 131-8 Ⓜ Map → 5-★25

더블루웨이브

제주 시골 마을 사계리에 자리한 서핑 숍이다.
제주에서는 2번째로 생긴 서핑 숍으로
상모리에서 작은 창고에서 운영하다가
2014년에 지금의 자리로 옮겨 왔다. 앞에 바다가
아닌 마늘밭을 두고 있는 것이 특징.
이곳에서는 오랜 경력을 가진 서퍼들이
맞춤형으로 서핑 수업을 진행한다.

Ⓐ 서귀포시 안덕면 사계북로 95
Ⓣ 010-4890-1987 Ⓗ 매일 6:00-23:30
Ⓤ www.thebluewave.co.kr
Ⓜ Map → 5-★19

서핑 숍 앞에 해변이 아닌 밭들이 있어요.
예전에 태국 치앙마이에 놀러 갔다가 우연히
조용한 시골 마을에 있는 주점에 간 적이 있어요.
주변에 밭이 펼쳐져 있고, 빛 하나 없는 시골길에
그 주점 하나만 혼자 불을 밝히고 있더라고요.
그때 한국에서 이런 가게 하나 차리고 싶다고
했었는데, 이 장소가 딱 그런 곳이었죠. 그래서
제가 좋아하는 서핑 숍을 열게 된 거예요.

처음부터 서핑을 한 것은 아니라고.
처음에는 스킨스쿠버를 했어요. 제주에서
스킨스쿠버 강사를 하다가 아는 형님 덕에
서핑에 입문하고 점차 직업을 변경했어요.
서핑을 탄 지는 15년 되었고, 서핑숍을 연지는
10년 정도 되었습니다.

서핑을 시작하는 사람에게 팁이 준다면?
그냥 우리 숍에 예약하고 찾아오시면
됩니다(웃음). 나머지는 알아서 다 해드려요.

코데인커피로스터스

더블루웨이브에서 길을 따라 200m 정도 걸어가면 등장하는 커피숍. 더블루웨이브의
대표가 커피 맛으로 칭찬을 아끼지 않은 곳이다. 특히 에스프레소에 적은 양의 우유를 담은
피콜로 라떼는 고소하고 부드러운 맛을 자랑한다. 뛰어난 커피 맛뿐만 아니라, 바쁘고 분주한
사회에서 이곳에서만큼은 여유를 가졌으면 좋겠다는 마음을 담은 공간은 아늑하고 편안하다.

Ⓐ 서귀포시 안덕면 사계북로 76 Ⓣ 010-9344-2127 Ⓗ 10:00-19:00(화요일 휴무) Ⓜ Map → 5-C13

HyoSun Jo

조 효선
월정퀵서프 매니저

월정리해수욕장

제주도 북동쪽에 자리한 월정해변은
수심이 전반적으로 일정해 초보자가 타기에
좋은 포인트이다. 한쪽에 방파제가 있어
파도가 한쪽으로만 깨져서 서핑하기에 좋다.
중·고급자는 방파제가 있는 쪽에서, 초보자는
돌이 없는 해변 쪽에서 서핑을 타면 된다.
서핑하기 가장 적합한 시간대는 만조일 때. 다만
바닥이 리프인 곳이 잘 보이지 않기 때문에
다치지 않기 위해 모래쪽 위치를 정확히 파악한
후 서핑을 시작해야 한다.

Ⓐ 제주시 구좌읍 월정리 33-3 Ⓜ Map → 4-★8

월정퀵서프

최신식 시설을 자랑하는 서핑 숍이다. 샤워
시설도 깨끗하고 대여 용품도 다양하다.
3시간짜리 단기코스부터 1~2일 코스, 2개월,
1년 멤버십 등 수강 기간과 실력에 따라 강습이
이뤄지고 있어 선택권이 넓다. 주변에 카페 거리,
소품 숍 거리 등이 있기 때문에 서핑과 함께 즐길
수 있는 요소들이 많다.

Ⓐ 제주시 구좌읍 해맞이해안로 486
Ⓗ 064-784-9008 Ⓣ 매일 9:00-18:00
Ⓤ www.jejumoonstay.com/cate3
Ⓜ Map → 4-★9

제주에 자리 잡은 이유는 서핑하기 위해서인가요?

그렇죠. 원래는 해양대학 출신이라서 물에서
하는 모든 운동을 섭렵했어요. 서핑도 친구가
갑자기 하자고 해서 얼떨결에 배우게 되었는데
너무 재밌어서 아예 직업으로 삼아 제주도까지
오게 되었어요.

서핑에서 중요한 것은 무엇일까요?

서퍼들끼리 서로 배려를 해야 한다고 생각해요.
한 파도에는 한 서퍼만 있어야 하거나 다른
사람이 서핑을 탈 때 진로를 방해하지 말아야
하거나. 룰이라기보다는 서로 암암리에
지켜야 할 매너가 있는데, 이를 잘 인지하고
서로 지켜줘야 안전하고 즐겁게 서핑을 할 수
있습니다.

월정에비뉴

월정리 해변 앞에 자리한 복합공간. 서핑 강습 및
서핑 용품 대여 공간인 퀵서프, 낮에는 카페, 밤에는 펍으로 변신하는
유니온 비치 펍, 다양한 문화 공연이 열리는 야외 공연장 등 다양한 공간이 입점해 있다.

Ⓐ 제주시 구좌읍 해맞이해안로 486 Ⓣ 010-6754-2580
Ⓗ 매일 10:00-22:00 Ⓜ Map → 4-★9

SURF CHECK LIST

립 lip
부서지기 시작하는 파도의 가장 윗부분.

페이스 face
부서지지 않은 파도의 면.

숄더 shoulder
페이스의 제일 높은 부분부터 먼 부분.

피크 peak
파도가 부서지기 시작하는 부분.

배럴 barrel
립과 페이스 사이 터널같이 생긴 공간.

화이트 워터 white water
파도가 완전히 부서져 흰 거품이 된 부분.
초보자들은 화이트워터에서 서핑을 시작한다.

오프쇼어 offshore : 육지에서 바다 방향으로 부는 바람. 서퍼들이 선호하는 바람.
온쇼어 onshore : 바다에서 육지로 부는 바람. 파도가 금방 무너져 서핑을 하기에 좋지 않다.

SURFING TECHNIQUE

라인업 Line up
파도가 부서지는 위치로, 서퍼들이 파도를 기다리는 곳.

패들링 Paddling
보드에 엎드려서 양팔로 물을 저어 앞으로 나가는 동작.

테이크 오프 Take off
파도를 잡은 후 보드 위에서 일어서는 동작.

푸싱 스로우 Pushing Through
패들링하다가 파도를 통과시키는 동작.

터틀 롤 Turtle Roll
거북이가 구르는 모습에서 착안한 이름으로, 서핑 보드를 돌려 물 아래서 한 바퀴 돈 뒤 다시 보드 위로 올라가는 동작. 무게 있는 보드를 타고 패들링할 때 푸싱 스로우로는 뚫지 못하는 파도를 피하는 방법이다.

덕 다이브 Duck Dive
파도를 피하는 또 하나의 방법으로 보드를 힘으로 눌러 보드 전체와 함께 물속에 잠수했다가 나오는 동작.

SURF MANNER

한 파도에 한 서퍼만 있을 것.
One surfer per One wave
피크를 중심으로 파도가 움직이는 한 방향을 한 파도라 부르는데, 그 파도를 여럿이서 공유해서는 안 된다는 룰이다. 많은 사람이 함께 파도를 타다 보면 서로의 진로에 방해가 되고, 다칠 위험 요소가 있기 때문이다. 일반적으로 피크에 가장 가까운 사람이 그 파도를 잡게 된다.

다른 서퍼의 우선권을 빼앗지 말 것.
Snaking & Drop
스네이킹은 다른 서퍼의 피크를 빼앗는 행위로, 서퍼가 파도를 타고 있을 때 나중에 등장해 높을 곳을 차지하는 것이다. 또한, 드롭은 누군가가 있는 파도에 함께 오르는 것을 의미한다. 어느 서퍼 뒤에 다른 서퍼가 따르고 있다면, 보통 앞선 서퍼가 드롭 행위를 한 것이다. 이 두 행위는 매우 위험한 상황을 초래할 수 있기에 절대 해서는 안 된다.

서퍼의 진로가 우선!
Paddle out
서핑을 할 때 파도를 타고 오는 서퍼의 진로를 방해하지 않도록 주의해야 한다. 패들링을 하는 중이거나 라인업에서 파도를 기다리는 중에도 파도의 흐름과 진행 방향을 잘 살펴 이를 타고 오는 서퍼와 부딪히지 않도록 하는 것이 중요하다.

SURF APP

WSB Farm
국내 최초의 서핑 라이프스타일 매거진으로, 서핑 전문 앱을 운영한다. 대표적으로 서핑 주요 스폿에 카메라를 설치해 실시간으로 파도의 상태와 날씨를 파악할 수 있는 '파도웹캠' 서비스가 있다. 이외에도 다양한 콘텐츠로 서핑 문화를 알리고 정보를 제공한다.

Windfinder
미국 기상청 데이터를 근거로 전 세계 날씨를 알려주는 앱. 바람, 파도 높이, 날씨 등을 알 수 있어, 서퍼들이 그날의 서핑 스폿을 선정하기 위해 사용한다.

Windy
Windfinder와 마찬가지로 글로벌 기상 예보를 제공하는 서비스. 기온, 풍력, 강수량, 구름 파도 등의 변화를 시각 자료로 함께 확인할 수 있다.

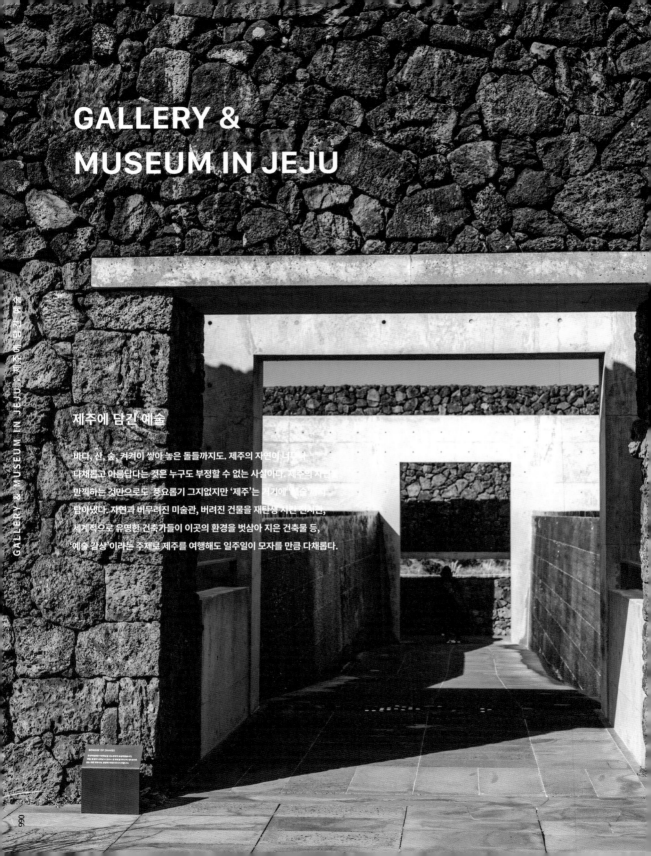

GALLERY &
MUSEUM IN JEJU

제주에 담긴 예술

바다, 산, 숲, 켜켜이 쌓아 놓은 돌들까지도. 제주의 자연이 너무나
다채롭고 아름답다는 것은 누구도 부정할 수 없는 사실이다. 제주의 자연
만끽하는 것만으로도 풍요롭기 그지없지만 '제주'는 거기에 예술까지
담아냈다. 자연과 버무려진 미술관, 버려진 건물을 재탄생 시킨 건축관,
세계적으로 유명한 건축가들이 이곳의 환경을 벗삼아 지은 건축물 등,
'예술 감상'이라는 주제로 제주를 여행해도 일주일이 모자를 만큼 다채롭다.

본태박물관

인류 본래의 아름다움을 모아 소개한다는
이름으로 지어진 박물관으로 제주도 중산간
지역에 위치하고 있다. 이 박물관 역시 안도
다다오의 작품으로 그가 잘 사용하는 노출
콘크리트 벽의 건축기법을 감상할 수 있다. 제주의
푸른 숲, 그리고 하늘과 어우러진 건축물 속으로
들어가면 전통공예, 현대 작품, 우리나라의 상례
문화를 엿볼 수 있는 꽃상여와 꼭두들이 전시되어
있다. 살바도르 달리, 백남준, 제임스 터렐, 쿠사마
야요이 등 세계적 예술 거장들의 작품들도
전시되어 있어 많은 이들의 발길을 이끄는 곳이다.

Ⓐ 서귀포시 안덕면 산록남로762번길 69
Ⓣ 064-792-8108 Ⓗ 매일 10:00-18:00
Ⓟ 성인 20,000원, 학생 12,000원, 미취학 아동 10,000원,
경로 12,000원, 장애인/국가유공자 9,000원 Ⓜ Map → 5-★28

유민미술관

섭지코지 단지 내에 제주 성담을 연상케 하는
돌담과 콘크리트 벽, 그리고 초록빛 유리로
이뤄진 미술관이다. 유명한 건축가 안도 다
다오가 설계해 건축물 자체로도 이미 유명해진
곳. 성산일출봉을 마주하고 섭지코지 단지
내에 우뚝 서 있는 이곳에 들어서면 가장 먼저
고요함과 마주한다. 미술관 내에는 중앙일보의
선대 회장이었던 故 유민 홍진기 선생이 수집한
아르누보 양식, 낭시파 유리 공예 작품들이
전시되어 있다. 프랑스를 중심으로 짧은 시간
유행했던 양식임에도 전시해 놓은 컬렉션의
양이 상당하다. 고요함을 걸쳐 입고 느긋한
걸음으로 감상하기를 추천한다.

Ⓐ 서귀포시 성산읍 섭지코지로 107
Ⓣ 064-731-7791
Ⓗ 매일 09:00~18:00, 7/19~8/24 09:00~20:00
Ⓟ 성인 12,000원, 어린이 & 청소년 9,000원
Ⓜ Map → 4-★20

김창열미술관

'물방울 화가'로 널리 알려진 故 김창열 화백의
전시 작품을 볼 수 있는 곳. 홍재승 건축가가
건축한 이 미술관은 총 8개의 큐브형 건물로
이뤄져 있는데, 위에서 내려다보면 '回'자
형태를 취하고 있다. 이는 김창열 화백이 추구한
회귀의 철학을 건축으로 표현한 것으로 작품을
감상하는 동선 역시 회(回) 자의 흐름을 가진다.
감상 후 미술관 바로 옆에 자리 잡은 '저지리
예술인 마을'도 함께 거닐어 보면 한가로움을
한껏 만끽할 수 있다.

Ⓐ 제주시 한림읍 용금로 883-5
Ⓣ 064-710-4150 Ⓗ 09:00 - 18:00(월요일 휴무)
Ⓟ 어른 2,000원, 청소년 & 군인 1,000원, 어린이 & 노인 무료
Ⓜ Map → 5-★6

SEOGWIPO

빛의 벙커

국가 통신시설이었던 벙커가 공간 재생을
통해 몰입형 미디어아트 전시장으로 변신한
곳. 시기별로 다른 컨셉과 작가의 작품을
순회하고 있다. 총 6개의 시퀀스로 구성된
작품 전시는 수십 대의 빔프로젝터를 통해
관람자가 온전히 작품 속으로 들어갈 수 있게
연출하고 있으며, 벙커라는 특성을 활용 외부의
소음을 효과적으로 차단해 작품의 몰입도를
극대화한다.

Ⓐ 서귀포시 성산읍 고성리 2039-22
Ⓣ 1522-2653 Ⓗ 매일 10:00-18:00
Ⓟ 성인 18,000원, 청소년 13,000원, 어린이 10,000원
Ⓜ Map → 4-★18

SEOGWIPO

기당미술관

전국 최초의 시립미술관으로 제주도가 고향인
재일교포 사업가 기당(奇堂) 강구범 선생이
건립해 서귀포시에 기증했다. 제주에서 작품
활동을 하는 예술인과 기획해 공동기획전을
여는 만큼 제주를 고스란히 담은 작품들을
시기에 따라 다양하게 관람할 수 있다. 특히
국내보다 국외에서 더 유명한 제주화 화풍의
창시자 변시지의 작품을 상설 전시하고 있는데,
이는 서양화의 주재료인 캔버스와 유채(油彩)를
이용해 동양의 수묵화를 연상케 하는 황토와
먹색으로 그려낸 작품들로 동서의 조합을
완성해 냈다고 회자되고 있다. 날씨가 좋을
때면 미술관 밖 산책로에서 웅장하게 서 있는
한라산의 자태도 함께 관람할 수 있다.

Ⓐ 서귀포시 남성중로153번길 15 Ⓣ 064-733-1586
Ⓗ 09:00 - 18:00 7~9월 20:00까지(월요일 휴무)
Ⓟ 어른 1,000원 청소년, 군인 500원, 어린이 300원
Ⓜ Map → 6-★9

SEOGWIPO

이중섭미술관

만 40세의 젊은 나이로 생을 마감한 대한민국의
대표 화가 이중섭의 예술혼을 기리기 위해
2002년 설립한 기념관이자 전시관. 1951년 1월,
6.25전쟁 발발 후 피난 와 세 들어 살던 초가집
바로 옆에 위치하고 있다. 개관 당시에는 원화가
없어 복사본만 전시하다 여러 사람의 기증과
노력을 통해 지금의 컬렉션을 완성하고 있으며
현재도 그 노력은 진행 중이다. (2021년 4월 '고
이건희 회장 소장품 12점 기증 등) 너무나 잘
알려진 '황소' 시리즈, 제주의 풍경을 그려낸
'섶섬이 보이는 풍경' 등이 유명하지만, 어려웠던
시절 담뱃갑 속지로 쓰이던 은지에 날카로운
것으로 선을 그어 그려낸 '은지화' 작품은 당시
이중섭 화가의 삶을 가장 잘 이해할 수 있는
작품으로 묘사된다.

Ⓐ 서귀포시 이중섭로 27-3 Ⓣ 064-760-3567
Ⓗ 09:30-17:30(월요일 휴관) Ⓟ 어른(25세~64세) 1,500원
청소년(13~24세) 800원, 어린이 (7~12세) 400원
Ⓜ Map → 6-★15

왈종미술관

SEOGWIPO

제주 출신의 화가 이왈종 화백(1945년생)이 자신이 살던 집을 헐고 조선백자의 형상을 기반으로 작업실 겸 전시관을 만들었다. '제주생활의 중도' 시리즈로 유명한 작가의 화법은 알록달록하고 해학적이며 마치 그림을 이용해 시를 쓴다는 느낌이 들어 수많은 문인이 그의 작품을 사랑한다. 정방폭포 입구에 위치하고 있어 이곳을 방문한 사람이라면 들러 볼 만하다.

Ⓐ 서귀포시 칠십리로214번길 30　Ⓣ 064-763-3600　Ⓗ 10:00-18:00(월요일 휴무)
Ⓟ 성인 5,000원, 어린이/청소년/제주도민 3,000원　Ⓜ Map → 6-★16

JEJU

아라리오뮤지엄

제주시 시내 어디에서도 눈에 띄는 빨간색 외관으로 치장한 이 전시장은 세계적인 아트컬렉터 겸 작가 김창일 회장(작가명 씨 킴 'Ci Kim)이 오랜 기간 모아온 컬렉션들을 전시한 컨템퍼러리 아트 뮤지엄이다. 서울에 이어 제주에만 '동문모텔1', '동문모텔2', '탑동시네마', '탑동바이크샵(현재는 디앤디파트먼트 숙소로 운영)'로 나뉘어져 있는데 수명을 다했거나 쓰임에 외면받는 건물들을 매입해 전시장으로 멋지게 탈바꿈시켰다. '앤디 워홀', '키스 해링' 등 세계적으로 유명한 작가들의 작품들뿐만 아니라 한국 구상 조각의 전성기를 이끌어냈다고 평가받는 구본주 작가의 작품들, 현재 활발하게 활동하고 있는 신진작가들의 작품들을 적절하게 구성해 상설 또는 순환 전시하고 있다. 35년 동안 무려 3,700여 점을 수집해 작품들을 마음껏 감상하더라도 하루가 넘게 걸린다.

Ⓐ 탑동시네마 : 제주시 탑동로 14
　　동문모텔1 : 제주시 산지로 37-5
　　동문모텔2 : 제주시 산지로 23
Ⓣ 064-720-8201~3　Ⓗ 10:00 - 19:00(월요일 휴무)
Ⓟ 전체통합권 성인 24,000원, 청소년 14,000원,
어린이 9,000원　Ⓜ Map → 3-★9

SEOGWIPO

김영갑 갤러리 두모악

'제주도를 사랑한 사진가' 故 김영갑 사진가의 갤러리. 버려진 초등학교를 구매해 2002년 '김영갑 갤러리 두모악'이라는 이름으로 문을 열어 전시 중이다. '루게릭병'으로 2005년 세상을 떠났지만, 그의 아름다운 작품들을 이곳에서 계속 마주할 수 있다. 특별한 점은 입장권을 살아생전 작가가 찍은 제주의 사진을 엽서 형태로 제작해 제공해 주는 것인데, 매년 주기적으로 엽서의 사진과 전시 작품도 바뀐다.

Ⓐ 서귀포시 성산읍 삼달로 137
Ⓣ 064-784-9907　Ⓗ 09:30-18:00(수요일, 명절 당일 휴무)
Ⓟ 어른 4,500원, 청소년 3,000원, 어린이/경로 1,500원
Ⓜ Map → 4-★25

JEJU

국립제주박물관

제주공항과 멀지 않은 곳에 위치한 국립박물관으로 제주의 역사 정보를 자세하고 친절히 설명해 놓은 곳이다. 역사에 관심이 많은 여행자라면 시간을 내어 방문해 볼 만하며, 넓은 실내와 아이들을 위한 역사체험공간도 작지만, 함께 운영하고 있어 유아를 동반한 여행객들에게도 괜찮은 공간이다. 입장료가 무료라는 아주 좋은 혜택은 덤!

Ⓐ 제주시 일주동로 17　Ⓣ 064-720-8000
Ⓗ 10:00-18:00(월요일, 신정, 설날, 추석 휴무)
Ⓟ 무료　Ⓜ Map → 3-★12

JEJU
EXPERIENCE

제주의 색다른 재미, 체험

제주의 자연경관을 즐기기에도 부족하겠지만 어른들끼리, 또는 아이들과
함께 할 수 있는 체험&액티비티도 다채로운 곳이 제주다. 조금 더 색다른
경험을 해보고 싶다면 망설이지 말고 경험해보자.

> **Tip**
>
> **감귤 따기 체험**
>
> 제주도 하면 가장 먼저 생각나는 과일, 감귤. 제주를 여행하다
> 보면 감귤밭을 쉽게 볼 수 있다. 여행 내내 쉴 새 없이 먹고 싶은
> 충동이 일어난다면 그냥 사 먹기보다 체험을 통해 먹어보자.

(JEJU)

아날로그 감귤밭

이름 그대로 아날로그 감성을 간직하고 있는
귤밭. 곳곳에 놓여있는 포토존에서 또 다른
특별한 경험을 선사한다. 감귤 따기 체험은 예약
없이도 가능하다. 시식도 하고, 1인당 귤 1kg씩
가져갈 수 있어 일석이조. 카페도 함께 운영 중에
있으니 이곳에서 제주의 감귤과 함께 특별한
시간을 보내보자.

Ⓐ 제주시 해안마을8길 46
Ⓣ 010-4953-0846
(상담 가능 시간 : 월·수 10:00-18:00 / 목·일 12:00-19:00)
Ⓗ 11:00-17:00 (화요일 휴무) Ⓜ Map → 5·★30

제주항공우주박물관

신화월드 바로 옆에 위치한 제주항공우주
박물관은 실제 항공기 39대가 전시되어있는
상당히 큰 규모의 박물관이다. 박물관에
입장하자마자 보이는 15대의 실제 항공기는
높이 25m 공간에 부양 전시되어 있어 그
웅장함이 남다르다. 천문우주 전시관에는
국내 최초 발사로켓 나로호와 최신 화성탐사선
큐리어시티 호의 1:1모형도 전시되어 있어
우주에 관심이 많은 아이에게 좋은 경험이
된다. 돔과 5D로 상영되는 대형 영상관, 직접
그린 그림을 화면에 띄울 수 있는 인터랙티브
테이블 등도 시간대별로 체험할 수 있어
우주와 비행에 흥미가 있는 아이들은 하루
종일 즐겁게 시간을 보낼 수 있다.

Tip. 박물관 4층에 위치한 그림카페

엘리베이터를 타고 4층으로 올라가면 문이 열리자
마자 그림 같은 공간이 펼쳐진다. 벽과 바닥, 의자와
테이블 등 공간 속 모든 것들을 흰색과 검은색 두
색만으로 꾸며 놓아 마치 커다란 그림 스케치 속에
들어와 있는 느낌. 아이들뿐 아니라 가족과 함께
색다르고 멋진 사진을 남길 수 있는 곳!

제주맥주 양조장 투어

제주맥주가 완성되는 과정을 실제 양조장을
둘러보며 설명을 들을 수 있다. 다양한 그래픽을
통해 맥주에 대한 전반적인 내용을 쉽게
설명해주고, 맥주에 사용되는 재료들을 시각,
촉각, 후각을 이용하여 느껴볼 수도 있다. 양조장
투어의 마지막 코스는 실제 제주맥주에서
운영하는 바에서 맥주를 시음하는 시간이다.

한라산소주 공장 투어

한라산소주가 만들어지는 과정을 가이드가
직접 설명해주는 투어 프로그램. 1층 공장에서
공정이 돌아가는 모습을 2층에서 설명과 함께
관람할 수 있으며, 한라산 소주에 대한 설명과
가치도 함께 들어볼 수 있다. 마지막에는 함께
시음하는 시간도 갖는다.

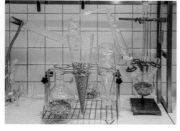

Ⓐ 제주시 한림읍 금능농공길 62-11
Ⓣ 064-798-9872
(상담 가능 시간 : 월-수 10:00-18:00 / 목-일 12:00-19:00)
Ⓗ 매일 13:00-18:00
(투어는 제주맥주 홈페이지를 통해 사전 예약제로 진행)
Ⓟ 성인 2만 2,000원
Ⓜ Map → 5-★5

Ⓐ 제주시 한림읍 한림로 555 Ⓣ 064-729-1958
Ⓗ 금, 토, 일 13시, 14시30분, 16시
(한라산소주 홈페이지를 통해 사전 예약제로 진행)
Ⓟ 성인 6,000원, 미성년 3,000원, 미취학아동 무료
Ⓜ Map → 5-★3

Ⓐ 서귀포시 안덕면 녹차분재로 218
Ⓣ 064-800-2000
Ⓗ 매일 09:00-18:00(입장마감 17:00) Ⓟ 성인 10,000원,
청소년/군경 9,000원 어린이/경로 8,000원
Ⓜ Map → 5-★17

981파크

제주에서만 즐길 수 있는 981파크의 무동력 카트는 아이들에게 가장 인기 만점인 여행 스폿.
시간대별로 입장해 즐길 수 있으며 아이와 함께한다면 2인승 카트에 탑승할 수 있다. 내리막길을
이용해 무동력으로 달리는 카트는 어른과 아이 모두에게 짜릿한 경험. 올라갈 때는 자동으로
올라가므로 이때 탑승한 모습을 셀카로 남길 수 있다. 또한 이곳의 앱을 미리 설치해 놓으면 주행
영상을 자동으로 녹화해 전송해 준다.

Ⓐ 제주시 애월읍 천덕로 880-24 Ⓣ 1833-9810 Ⓗ 매일 09:00-18:20 Ⓜ Map → 5-★11

[SPECIAL]
ISLAND IN ISLAND

섬에서 섬

제주에서 우도로, 제주에서 가파도로, 섬을 찾은 이들이 또다시 섬을 찾는다. 과거 오랜 시간
고립되고 단절되었던 각각의 섬들은 독자적인 문화와 천혜의 자연을 보전할 수 있었다.
그리고 섬과 섬 사이의 연결이 자유로워진 지금, 우리는 그 모든 것을 누릴 수 있다.

Tip.

1~3급 장애인, 65세 이상 노인, 만 6세 미만 영유아, 임산부를 동반할 경우, 또한 우도 내에 숙박할 경우에는 차량 반입이 가능하다.

① 우도

소의 형상을 하고 있어 우도라 불리는 섬. 1,000여 명의 주민들이 생활하는 작은 섬이지만, 매해 수만 명의 사람들이 배를 타고 오가는 관광지이다. 아름다운 바다색을 가졌다는 사실은 동일해도 각기 다른 매력을 가진 해변, 온전히 지켜지고 있는 자연, 그리고 섬 곳곳을 채우는 개성 있는 공간들까지. 이 작은 섬에는 누릴 것들이 너무나도 많다.

HOW TO GO

우도는 제주도에서 약 15분 동안 배를 타고 들어가야 한다. 제주 내에 성산항과 종달항에서 우도까지 가는 배편을 운영하고 있다. 성산항에서 출발하는 배편이 훨씬 많으며, 보통 30분에 한 번씩 출발하나 사람이 많을 시 증편되기도 한다. 우도를 오가는 배는 바다 상황과 날씨로 인해 운행이 중단되기도 하니 꼭 전화로 확인해보고 갈 것. 성산항 기준으로 배는 오전 8시부터 오후 6시까지 운행된다.(동절기에는 오후 5시까지 운행)

HOW TO GO AROUND

2017년 8월부터 차량 진입이 제한되면서, 대부분의 사람들이 우도 내에서 스쿠터 혹은 전기삼륜오토바이를 빌리거나 우도 순환버스를 통해 이동한다. 우도 순환버스는 항구에서 바로 티켓을 구매할 수 있으며(6,000원), 우도 주요 관광지에 정차한다. 30분에 한 번씩 정류소를 지나가기 때문에, 원하는 시간에 맞춰 다시 버스에 탑승하면 된다. 지나가는 모든 버스에 탑승할 수 있지만, 티켓을 꼭 소지하고 있어야 한다.

a. 하하호호

구좌 마늘, 우도 땅콩, 제주 딱새우 등 제주에서 나고 자란 특산물을 사용해 만드는 수제버거 전문점이다. 특산물에 집중해 만들어 특색 있는 맛과 더불어 어마어마한 크기를 자랑한다. 친절한 직원들이 직접 커팅을 도와 먹기 쉽게 해준다. 2011년 처음 우도에 문을 연 가게는 점점 입소문이 나면서 유명세를 타게 되었고, 2017년 월정리에 직영점도 개점했다.

Ⓐ 제주시 우도면 우도해안길 532

Ⓣ 010-2899-1365　Ⓗ 매일 11:00-18:00　Ⓜ Map → 7-R2

c. 밤수지맨드라미

우도의 유일한 책방. 제주 바닷속 멸종 위기의
산호초 이름을 딴 서점에는 책이 사람들에게
잊히지 않기 바라는 마음이 담겨 있다. 우도의
거센 바람은 밖에 남기고 온전히 따뜻한
햇볕만을 받아들이는 공간은 아무것도 신경
쓰지 않고 책에 집중하도록 돕는다. '어쩌면
우리나라에서 가장 먼 책방'이라는 소개와는
다르게 짧은 시간 머물러도 책방과의 친밀도는
금세 높아진다.

Ⓐ 제주시 우도면 우도해안길 530
Ⓣ 010-7405-2324
Ⓗ 매일 10:00-17:00 비정기휴무(SNS에서 확인)
ⓘ @bamsuzymandramy.bookstore
Ⓜ Map → 7-S1

Tip.
서빈백사에 있는 팝콘처럼 생긴 돌멩이는
홍조단괴로, 우도 해안가에 있는 홍조류가
석회화되면서 만들어진 것이다. 해변을 가득 채울
정도로 홍조단괴가 많이 쌓여 있는 서빈백사는 그
가치를 인정받아 천연기념물 438호로 지정되었다.
홍조단괴를 우도 밖으로 반출하다가 적발 시
벌금을 물게 된다.

b. 서빈백사

산호해수욕장이라고도 불리는 서빈백사는
투명한 에메랄드빛 바다와 하얀 모래로
이루어진 해변이다. 햇빛을 받아 함께
반짝이는 바다와 모래가 눈부시게
아름답다. 팝콘처럼 생긴 돌멩이인
홍조단괴가 해변을 채우고 있는데,
이는 우도에서만 볼 수 있는 것으로
이 해변을 우도의 대표적인 스폿으로
만들어주는 역할을 했다.

Ⓐ 제주시 우도면 우도해안길 264
Ⓜ Map → 7-★1

d. 안녕 육지사람

빈티지한 분위기를 풍기는 카페.
해변을 바로 눈앞에 두고 있어
아름다운 전망을 자랑한다. 우도
특산물인 땅콩을 활용해 다양한
메뉴를 판매하는 것이 특징. 땅콩
아이스크림은 물론 버거, 라떼, 잼까지
직접 만들어 선보인다.

Ⓐ 제주시 우도면 우도해안길 792
Ⓖ 33.515154, 126.957271
Ⓣ 010-2823-0170 Ⓗ 매일 성수기 10:00-18:00,
비수기 10:30-16:30 Ⓜ Map → 7-C1

e. 하고수동 해수욕장

언제나 바람이 많이 부는 우도에서 가장 바람이
약한 곳에 자리한 해수욕장. 맑은 물, 얕은 수심
잔잔한 파도로 우도 내에서 해수욕 명소로
불린다. 물론 아름다운 바닷빛 때문에 바라만
보아도 좋다. 그래서인지 하고수동 해수욕장을
중심으로 바다를 조망할 수 있는 다양한
카페들이 자리 잡고 있다.

Ⓐ 제주시 우도면 연평리
Ⓣ 064-728-4352 Ⓜ Map → 7-★2

f. 블랑로쉐

하고수동 해수욕장 기준으로 왼쪽에 자리한
카페. 벽면을 꽉 채운 커다란 창문을 통해 해변
전체가 한눈에 들어온다. 날씨가 좋은 날에는
창을 활짝 열어두기도 한다. 창 앞에는 테라스
공간이 마련되어 있는데, 바다를 더욱 가깝게
느낄 수 있다. 이곳에서 커피 한잔하며 바다를
바라보는 것이 어쩌면 가장 편하게 우도 바다를
만끽하는 방법이 될 수 있다.

Ⓐ 제주시 우도면 연평리 712-1
Ⓣ 064-782-9154 Ⓗ 매일 11:00-17:00 Ⓜ Map → 7-C2

Tip.
백패킹족들의 무분별한 쓰레기 투기로 인해 우도
주민들이 어려움을 겪고 있다. 때문에 비양도의
외부인 출입을 금하자는 의견도 나오고 있다고.
주어진 환경을 누리기 위해서는 지켜야 할 것들이
따른다는 사실을 잊지 말자.

g. 비양도

우도 안에 자리한 작은 섬, 비양도.
금능해수욕장에서 보이는 비양도와 이름만
같고 다른 곳이다. 우도에서 150m의 짧은
다리만 건너면 비양도에 도달할 수 있다. 바다에
둘러싸여 있는 동시에 넓은 들이 펼쳐져 있어
제주 내에 백패킹 명소로 불린다. 제주에서 가장
동쪽에 자리한 우도. 그리고 우도의 동쪽에
자리하고 있는 비양도는 제주에서 가장 빨리
일출을 볼 수 있는 곳이기도 하다.

Ⓐ 제주시 우도면 연평리 33-2

Ⓜ Map → 7-★3

Plus.

땅콩 아이스크림
누구나 우도에 가면 땅콩 아이스크림을
먹는다. 땅콩은 우도의 대표적인
특산물로 다른 지역의 것보다 크기가
작고 고소한 것이 특징이다. 이를 통째로
아이스크림 위에 얹어 먹는 것이 우도의
땅콩 아이스크림. 우도에서는 어느
카페에서나 이 아이스크림을 판매하며,
맛 또한 비슷하다. 대표적인 가게로는
검멀레 해수욕장 앞 '지미스'가 있다.

h. 검멀레 해수욕장

검은 모래라는 뜻을 가진 검멀레 해수욕장.
우도봉 아래쪽에 자리한 아담한 규모의
해변은 실제로 검은 모래로 이루어져 있다. 색
때문에 보기에는 투박해 보일지 몰라도, 아주
곱고 부드러운 모래를 자랑해 많은 피서객이
이곳에서 모래찜질을 즐긴다. 보트를 타고
우도의 8경을 구경하는 레저 체험 시설도 있다.
또한 썰물일 때는 우도 7경인 동안경굴까지
걸어갈 수 있다.

Ⓐ 제주시 우도면 우도해안길

Ⓣ 064-728-3394 Ⓜ Map → 7-★4

Plus.

동안경굴
검멀레 해수욕장 옆에 자리한
동굴로, 그 모습이 아름답다고
손꼽혀 우도 8경 중 7경으로
꼽힌다. 썰물일 때는 직접
걸어 들어갈 수 있으나, 길이
울퉁불퉁한 바위로만 이루어져
있어 조심해야 한다. 검멀레
해수욕장 입구에 동굴 탐험을
위한 안전모가 준비되어 있으니
꼭 착용할 것.

i. 우도봉

섬 전체가 소의 형상인 우도에서 소의 머리
부분을 맡고 있는 곳이다. 그리 높지 않은
132m의 높이와 완만한 경사로 좋은 경치를
구경하며 산책하기에 좋다. 우도봉 입구가 따로
있긴 하지만, 검멀레 해수욕장에서도 이어지니
우도 등대 방향으로 따라 올라오면 된다.
우도에서 가장 높기 때문에 끝까지 올라가면
우도 전경과 성산일출봉까지 한눈에 보인다.

Ⓐ 제주시 우도면 연평리 산23

Ⓜ Map → 7-★5

2 제주 옆 작은 섬

제주 옆에는 우도 외에도 7개의 크고 작은 유인도가 자리하고 있다. 그중 각각 개성 있는 모습으로 여행자의 발길을 이끄는 세 개의 섬을 꼽아보았다. 봄마다 푸르른 청보리로 물드는 가파도와 트레킹 코스로 유명한 비양도, 우리나라 최남단 마라도까지, 이제 섬에서 섬으로 떠날 차례다.

HOW TO GO

마라도로 향하는 배는 모슬포남항(운진항)과 송악산 선착장에서 출발한다. 25~30분 정도 소요되며 바람이 많이 불면 운행을 중단하기도 한다. 사전에 배편을 예약하고 가기를 추천하며 배 출발 40분 전에는 선착장에 도착해 있어야 한다.

HOW TO GO

한림항에서 비양도까지 배편이 마련되어 있다. 배를 타고 5분 정도만 가면 섬에 다다르는데, 09:15, 12:15, 14:15, 16:15 하루 네 번만 운행하며 성수기에는 상황에 따라 한,두편 증편하기도 한다. 하루 4번만 운행되니 시간표를 잘 알아보고 갈 것.

HOW TO GO

모슬포남항(운진항)에서 운행하는 여객선을 타면 10분 정도 달려 가파도에 갈 수 있다. 운진항에서 오전 9시부터 오후 3시 50분까지 여러 편 운행하며, 청보리 축제기간에는 편수가 증편된다.

a. 비양도

제주도 내에는 비양도라 이름 붙여진 곳이 두 군데다. 하나는 우도에서 도보로 이동할 수 있는 작은 섬이고, 나머지 하나는 바로 이곳 협재와 금능해수욕장에서 정면으로 보이는 섬이다. 화산폭발로 만들어진 비양도에서는 지질공원, 비양봉, 펄랑 등 자연이 만들어낸 다양한 모습을 눈으로 직접 볼 수 있다. 또한 바다낚시와 스쿠버 다이빙의 명소로 꼽히고 있다.

Ⓐ 제주시 한림읍 협재리 3032-3 Ⓜ Map → 1

b. 마라도

대한민국의 가장 끝에 있는 섬. 약 130여 명의 주민만이 사는 섬이지만, 마라도에서 짜장면을 배달하는 광고가 히트하면서 10곳이 넘는 짜장면 가게가 영업 중이다. 짜장면 외에도 마라도는 해양 자원이 많아 지질박물관이라 불리며 그 가치를 인정받아 섬 전체가 천연기념물로 지정되었다. 1시간 30분 남짓 걸으면 돌아 볼 수 있는 작은 섬은 자연경관을 보며 산책하듯 여행하기에 좋은 섬이다.

Ⓐ 서귀포시 대정읍 가파리 600 Ⓜ Map → 1

c. 가파도

가파도는 제주도와 마라도 사이에 있는 섬이다. 본래 관광지로 꼽히는 곳이 아니었으나 올레길 10-1코스로 지정되면서 이곳의 매력이 차츰 알려지기 시작했다. 특히 섬의 60~70%인 17만 평 규모의 청보리밭이 유명하다. 4월에는 푸릇한 청보리와 유채꽃이 섬을 가득 메우는 아름다운 광경이 펼쳐진다.

Ⓐ 서귀포시 대정읍 가파리 Ⓣ 064-794-7130 Ⓜ Map → 1

EAT UP

바다와 산에서 난 풍부한 식자재를 바탕으로 독자적인 식문화가 발달한 제주!
육지에서 쉽게 접할 수 없는 향토 음식점부터 로컬들이 사랑하는 숨은 맛집,
제주 식자재를 사용한 세계음식점까지. 제주 속 미식의 세계로 초대한다.
물론, 분위기 좋은 카페와 달달한 디저트도 빼먹지 말 것.

Jeju Local Food *Special*

제주·로컬 음식

육지와는 다른 독자적인 음식 문화가 발달한 제주!
덕분에 로컬 음식을 찾아 먹는 것이 여행의 재미 중 하나가 되었다.
제주의 문화를 품고 있는 다양한 음식들을 소개한다. 아는 만큼
먹을 수 있고, 먹는 만큼 제주와 가까워진다.

고기국수

제주도의 대표적인 국수 요리. 흑돼지를 넣고 우린 육수에 수육을
올려 먹는 국수이다. 과거부터 제주도에서는 모든 마을 행사나
제사 때 돼지고기 음식을 만들어 나눠 먹곤 했다. 고기국수도
그중 하나로 서귀포 지역에서 상례, 혼례 시 손님들에게 대접하는
음식이었다. 뽀얗고 진한 국물과 수육이 어우러져 담백하면서도
고소하며, 포만감이 큰 음식이다.

고기국수

고사리 육개장

돼지고기 육수에 제주 먹고사리와
돼지고기를 잘게 넣어 끓인 국. 걸쭉한
국물은 고소하고 부드럽다. 일제강점기
당시 일본이 모자반을 비롯한 해조류를
수탈하면서 몸국을 끓이기 힘들어지자
고사리를 대신 넣어 고사리 육개장이
탄생했다. 제주 지역에서만
먹는 육개장이라고
하여 '제주 육개장'이라
부르기도 한다.

각재기국

맑은 물에 제주 된장을 풀고 배추와 양파,
파, 마늘 그리고 전갱이를 함께 넣고
푹 끓여 낸 생선국. 각재기는 '아지국'
이라고도 불린다. 비린 맛 없이 시원한
국물은 과음한 다음 날 숙취에 더할 나위
없이 좋은 음식.

해물뚝배기

해물뚝배기

해산물이 풍부한 제주에서는
제주 바다에서 나는 신선한
해물을 뚝배기에 넣고 된장을
풀어 찌개로 끓여 먹는다. 보통
전복이나 오분자기, 바지락, 소라, 딱새우,
조개 등이 들어가며 해산물 육수와 된장
맛이 어우러진 담백하고 깔끔한 국물이
특징이다.

고사리 육개장

각재기국

몸국

몸은 모자반을 뜻하는
제주어로, 몸국은
돼지고기와 내장을 넣고 삶은
육수에 모자반을 넣어 만드는
제주 향토 음식이다. 제주에서는 집안
및 마을 행사에서 빠놓지 않고 등장하던 국으로, 가정집에서
만들어 나눠 먹었다. 구수하고 진한 돼지고기 육수에 모자반의
풍미가 더해져 끝 맛이 깔끔하다. 보통은 걸쭉한 국물이
특징이지만 여행객을 상대로 하는 음식점에서는 일부러 묽게
만들기도 한다.

흑돼지구이

흑돼지고기는 쫄깃한 식감과 풍부한 육즙으로
유명하다. 흑돼지구이는 목살, 등심, 안심 등의 부위를
두껍게 잘라내 구워 먹는데, 두께가 두꺼워야 육즙이
보존되기 때문이다. 보통 제주도에서는 새우젓이나
소금 대신 멜젓(멸치젓)에 고기를 찍어 먹는다.

멜국

제주 인근에서 많이 잡히는 멸치를 이용해 미역,
채소와 함께 끓여 낸 맑은 국. '멜'은 멸치의
제주방언이다. 배추와 파, 그리고 싱싱한
미역과 머리와 내장을 제거한 멸치를
넣고 한소끔 끓여 내는데 이때 간은
소금이나 국간장으로 맞춰낸다. 기호에
따라 청양고추와 다진 마늘을 함께 넣어
먹는데 신기할 정도로 비린 맛없이 시원한
국물이 일품이다.

활어회

양식이 아닌 자연산 회를 마음껏 먹을 수 있는
제주. 제주 인근 바다에서만 사는 다금바리부터
돌돔, 갈치, 고등어, 방어 등 그 종류도
무궁무진하다. 생선별로 제철이 모두 다르니
여행 시기에 맞춰 제철인 생선회를 먹는 것도
좋은 방법!

보말칼국수

보말은 고둥의 제주어로,
보말칼국수는 고둥을 넣어 끓인
칼국수이다. 쫄깃하고 고소한
보말은 그 자체로도 맛있지만,
국물을 시원하고 담백하게 하는
역할도 한다. 보통 보말칼국수를
만들 때는 제주산 메밀 면을
사용하거나 매생이를 함께 넣어 먹는
경우도 많다.

갈치 음식

갈치는 대부분 제주도 및 서해 남부 지역 인근 바다에서 잡힌다.
이에 제주도는 육지보다 싱싱한 갈치를 더욱
저렴한 가격에 만날 수 있다. 보통 1m가 넘어가는
갈치를 통으로 굽거나 토막 내 양념과 함께
졸여 먹는다. 이외에도 갈치국, 갈치회 등
육지에서 볼 수 없는 별미 갈치 음식도 맛볼 수 있다.

Jeju Local Restaurant
제주 로컬 음식의 시작

제주 고유의 가죽이라 여겨지는 흑돼지구이부터 말고기, 흑우, 꿩 등을 다루는 식당까지. 제주 로컬 음식에서 고기는 빼놓을 수 없는 재료이다. 고기들을 활용한 다양한 육류 먹거리의 천국 제주 로컬 음식 세계에 함께해보자.

Childonga 칠돈가

1 칠돈가

흑돼지구이 전문점이다. 제주에서 가장 유명한 집으로 손꼽힌 있다. 이곳은 연탄으로 고기를 구워 겉은 바삭하고 속은 촉촉하다. 그냥 흔히 먹는 삼겹살을 생각하고 먹었다가는 깜짝 놀랄 것. 테이블마다 전담 직원이 직접 고기를 구워주어 편하게 식사를 즐길 수 있다. 제주 곳곳에 분점이 있어 여행 일정에 맞추어 방문하기 좋다.

DATA
Ⓐ 제주 제주시 서천길 1　Ⓖ 33.5024, 126.51075　Ⓣ 064-727-9092
Ⓗ 매일 13:30-22:00　Ⓟ 흑돼지 근고기 5만 4,000원　Ⓜ Map → 3-R11

Grilled

제주 오리지널 연탄불 근고기구이를 맛볼 수 있는 곳.

TIP

제주 흑돼지는 멜젓과 함께
제주의 고깃집에서는 다른 지역과 달리 고기판에 멜젓이 함께 올라간다. 멜은 제주어로 멸치를 의미하며, 멜젓은 멸치로 만든 젓갈이다. 불판에 같이 끓여 고기를 콕 찍어 먹으면 짭짤하면서도 비릿한 바다의 향이 함께 느껴지는데, 의외로 돼지고기랑 잘 어울린다.

아름다운 전망을
즐기며 부드러운
육질의 숯불고기를
맛볼 수 있는 곳.

2 / 생돈우리

흑돼지 근고기집은 대부분 연탄을 이용해 굽는
경우가 많지만, 이곳은 참숯을 고집한다. 참숯에서
파장이 길고 열작용이 큰 원적외선이 나와 겉과 속이
동시에 익기 때문이다. 그뿐만 아니라 육질을 더욱 부드럽게
하기 위해 저온에서 30시간 고기를 숙성시키는 정성도 아끼지
않았다고. 음식뿐만 아니라 이곳은 창밖에 전망이 좋기로도
유명하다. 푸릇푸릇한 감귤밭과 그 뒤로 제주 바다가 차례로
펼쳐지며, 앞으로는 한라산이 서 있다. 2층 규모의 내부 인테리어도
깔끔하면서 고급스럽다.

DATA

Ⓐ 제주시 우평로 38 Ⓣ 064-713-5525 Ⓗ 매일 12:00-22:00(15:00-16:00 브레이
크타임) Ⓟ 흑돼지 근고기 57,000원 Ⓜ Map → 3-R1

제주 돼지의 또 다른 이름

돔베고기
돔베는 도마의 제주 방언으로, 돔베고기는 나무 도마 위에
삶은 흑돼지고기를 썰어 먹는 음식이다. 돔베고기는 소금 혹
은 멜젓에 찍어 먹거나 국수 위에 올려 먹는다.
근고기
제주에서 근(600g) 단위로 고기를 판매해 생긴 용어로, 근고
기를 주문하면 특정 부위와 상관없이 두툼한 살코기 부위의
고기를 섞어 준다. 식당에서 근고기를 주문하면 보통 오겹살,
목살 등의 부위가 함께 나온다.
뒷고기
뒷고기라는 특정 부위가 따로 있는 것은 아니지만, 보통 제
주에서는 근고기에 포함되는 부위를 제외한 자투리 고기를
이야기한다. 뒷고기만 취급하는 고깃집도 따로 있다.

3 / 용이식당

합리적인 가격에 맛있는 흑돼지 두루치기를 먹을 수 있는 곳이다. 원래 택시
기사들을 비롯한 로컬들에게 사랑받던 이곳은 점차 입소문이 나 관광객,
주민 할 것 없이 많은 이가 찾는 곳이 되었다. 고기를 굽다가 밑반찬으로
나온 콩나물 및 무채 무침 등을 넣고 볶으면 두루치기가 완성된다. 매콤
새콤한 양념과 아삭한 나물의 식감까지 계속해서 손이 간다.

DATA

Ⓐ 서귀포시 중앙로79번길 9 Ⓣ 064-732-7892 Ⓗ 8:30-22:00(홀수째 주 수요일 휴무)
Ⓟ 두루치기 8,000원 Ⓜ Map → 6-R2

4 성읍칠십리식당

성읍민속마을 근처에 위치한 전통 있는 흑돼지구이집. 이 집의
특징은 돼지고기를 감귤로 초벌 한 다음 불판에 고사리와 콩나물
그리고 멜젓을 함께 올려 내어준다. 함께 제공되는 감귤을 넣어
만든 김치도 제주에서만 느낄 수 있는 특별한 경험이다. 여러
명이서 흑돼지와 함께 제주의 다른 전통음식도 경험하고 싶다면
흑돼지 오겹살구이(400g)와 함께 옥돔, 메밀쑥빈대떡 국수 등이
제공되는 '오겹한상(3인분)'을 시키는 것도 방법 중 하나.

DATA
Ⓐ 서귀포시 표선면 성읍정의현로 74 Ⓣ 064-787-0911 Ⓗ 매일 10:30-20:00
Ⓟ 흑돼지목오겹살 180g 18,000원, 오겹한상(3인) 75,000원
Ⓜ Map → 4-R16

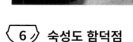

5 흑본오겹 함덕점

수많은 흑돼지집 사이에서 요즘 도민들도 줄 서서 먹는 흑돼지 & 프리미엄
특수부위 맛집. 다른 고깃집에서 맛보기 힘든 흑돼지 특수부위인 등겹살과
프리미엄 특수부위 노리살, 그리고 아구살을 맛볼 수 있는 곳으로 황동
불판, 비장탄, 히말라야 핑크 소금 등 여러 가지로 차별화와 프리미엄화를
시도했다. 후식으로 먹을 수 있는 묵사발과 톳이 들어간 꼬시래기라면도 이
집만의 매력.

DATA
Ⓐ 제주시 조천읍 신북로 454 Ⓣ 0507-1327-7810 Ⓗ 매일 13:00 - 22:30 (21:30 라스트오더) Ⓟ
흑본오겹세트 1인 2만5000원(250g), 묵사발 4000원, 꼬시래기라면 4000원
Ⓜ Map → 4-R2

6 숙성도 함덕점

제주에서 요즘 가장 인기 있는 고깃집. 자리 안내를 받고
들어서면 냉장고 속에서 숙성 중인 고기들의 모습과 큰
창 너머로 펼쳐지는 함덕해수욕장의 전경이 인상적이다.
저온의 물속에서 오랫동안 숙성시킨 돼지고기를
참숯에 구워내 고기의 맛이 아주 부드럽고 풍미가 좋다.
제주재래돼지의 명맥을 이어받은 '난축맛돈'이라는
품종을 사용하는 것도 이 집의 특징. 곁들임으로 제공되는
반찬들도 고사리나 유채 무침 같이 제주에서 나는
특산품을 사용해 좀 더 제주다운 맛을 즐길 수 있다.

DATA
Ⓐ 제주시 조천읍 함덕로 40 2층 201호 Ⓣ 064-783-9951 Ⓗ 매일
11:30 - 21:20 (14:20 - 16:10 브레이크타임) Ⓟ 960뼈등심 35,000원,
720뼈목살 18,000원 Ⓜ Map → 4-R4

〈 7 〉 검은쇠몰고오는

천연기념물 제 546호로 지정된 제주를 대표하는 흑우. 수요에 비해 공급이 턱없이 부족해 전문적으로 흑우를 판매하는 식당이 제주 내에서도 거의 없는데 그중 제주에서 흑우 100%만 다루는 흑우 전문 식당이다. '서울국제푸드 그랑프리'에서 대상을 받은 흑우 떡갈비도 한번 도전해 볼 만한 메뉴.

DATA
Ⓐ 제주시 신대로20길27 Ⓣ 064-712-1692 Ⓗ 매일 11:00-22:00
Ⓟ 흑우떡갈비정식 30,000원 Ⓜ Map → 3-R5

〈 8 〉 골목식당

제주에 몇 안 되는 꿩요리 전문점. 제주 동문시장 내에 작게 자리 잡고 있는 노포. 이곳의 메뉴는 꿩메밀칼국수와 꿩구이 딱 두 가지다. 꿩구이는 달달한 간장양념에 다진 마늘을 잔뜩 묻혀 직접 불판에 구워 주는데 그 맛은 담백하며 식감은 탱탱해 닭고기와는 또 다른 맛이다. 꿩메밀 칼국수는 이 집의 별미인데, 메밀가루로만 만들어 서걱서걱한 식감과 뚝뚝 끊어지는 면이 특징. 제주를 대표하는 식재료가 두 가지나 들어간 특별한 메뉴인 만큼 근처를 여행한다면 꼭 한번 경험해 보자.

DATA
Ⓐ 제주시 중앙로 63-9 Ⓣ 064-757-4890 Ⓗ 매일 10:30-20:00 Ⓟ 꿩
메밀 칼국수 8,000원, 꿩 구이 한판 25,000원 Ⓜ Map → 3-R15

TIP

제주는 칼국수보다 '칼국'

메밀만 100% 사용해 쫄깃한 면발을 뽑는 것은 상당히 어렵고 고된 작업이라고 한다. 때문에 수제비와 칼국수 중간 형태의 짧고 굵은 모양으로 모양을 낸 '칼국'을 먹었다고 한다. '골목식당'은 현재 찾아보기 힘든 '칼국'에 가장 유사한 형태의 요리를 칼국수라는 이름으로 내고 있다고 할 수 있다.

〈 9 〉 범일분식

남원읍에 조그맣게 자리 잡은 순댓국집. 오래전부터 운영된 곳으로 현재 아들이 운영하고 있다. 이 집의 메뉴는 순대백반이라 불리는 '순댓국'과 한 접시 소복하게 내어주는 '순대 한 접시'가 전부다. 제주 전통 순대에 가까운 속 재료가 거의 피로만 채워진 순대를 사용하는데 걸쭉하게 끓여내는 것이 이 집만의 특징. 한정된 재료만을 사용하는 데다 현지인들에게도 인기가 좋아 보통 2~3시 전이면 재료가 소진되어 문을 닫는다.

DATA
ⓐ 서귀포시 남원읍 태위로 658 Ⓣ 064-764-5069 ⓗ 09:00-17:00(토요일
휴무) Ⓟ 순대백반(순대국) 8,000원 순대 한 접시 10,000원 Ⓜ Map → 6-R6

SeaFood

제주 바다의 선물

육지와의 단절된 시간이 길었던 섬은 자체적인 먹거리가 발달했다.
가장 대표적인 것이 해산물 요리. 바다에서 무한히 공급되는 다양한 재료를
활용해 만든 음식들은 이제 제주에서 꼭 경험해야 할 요소로 꼽히고 있다.
재료 본연의 신선한 맛을 즐길 수 있는 제주의 바다 음식들을 만나 보자.

제주도에서 회를 먹고 싶다면?

지척에 바다를 둔 제주에서 신선한 회가 생각나는 것은 당연한 일이다.
제주에서는 어디서든 다양한 종류의 자연산 회를 만날 수 있다. 오히려
수많은 선택지로 혼란에 빠질 수 있다는 게 문제라면 문제. 제주에서
맛있는 회를 맛볼 수 있는 지름길을 소개한다.

모슬포항

용두암 해안도로

모슬포항은 횟집이 밀집되어 있기로 유명한 곳이다. 항구이기 때문에 횟감을 빨리 수급받을 수 있기 때문. 특히 이곳에는 고등어회와 방어회를 전문으로 하는 횟집이 많다. 방어회는 겨울철, 고등어회는 가을철이 제철이다. 고등어는 잡히는 즉시 부패가 일어나기 때문에 육지에서는 쉽게 먹을 수 없는 회이다.

용의 머리 모양을 한 바위로 유명한 관광지, 용두암. 이곳 인근에는 해안도로를 따라 횟집이 몰려 있다. 공항과 가까워 접근성도 좋고 바다를 풍경 삼아 회를 먹을 수 있어 많은 이가 찾아온다. 이곳에 자리한 대부분의 횟집은 보통 돔과 광어 등의 회를 매운탕까지 코스로 제공한다.

만선식당

바로 옆에 자리하고 있는 미영이네와 함께 제주도의 대표적인 고등어 횟집으로 꼽히는 곳이다. 이곳에서는 참기름 밥과 고등어회를 김 위에 올려 부추무침 등과 함께 싸 먹으라고 추천해주는데, 고등어회의 고소한 맛이 배가된다. 회로는 고등어 단일메뉴를 판매하지만 제철일 때는 방어회도 주문할 수 있다. 창밖으로는 항구가 보여 운치까지 느낄 수 있다.

DATA

Ⓐ 서귀포시 대정읍 하모항구로 44 Ⓣ 064-794-6300
Ⓗ 11:00-21:00(화요일 휴무) Ⓟ 고등어회 5만 원(소) 7만 원(대) Ⓜ Map → 5-R8

용출횟집

로컬과 관광객들로 언제나 인산인해를 이루는 곳. 황돔, 흑돔, 다금바리 등의 회를 맛볼 수 있다. 회가 매우 두툼해 한 점만으로도 입안이 가득 찬다. 또한 모든 메뉴는 코스별로 제공되는데, 산낙지, 전복 등의 회부터 시작해 돔, 어죽, 튀김, 매운탕 등이 차례대로 상 위에 오른다. 이곳은 만석일 가능성이 높으니 예약하고 가는 것이 좋다.

DATA

Ⓐ 제주시 서해안로 660 Ⓣ 064-742-9244 Ⓗ 매일 12:00-21:00(명절 당일 휴무)
Ⓜ Map → 3-R10

①🐟 피어22

금능 해녀의 집에 자리한 피어22는 딱새우찜을 판매하는 곳이다.
딱새우찜과 감자, 소시지 등이 커다란 바스켓에 담겨 나온다. 안에 담긴
내용물을 테이블 위로 우르르 쏟아내 망치로 탕탕 두드려 껍질을 깨
먹는 방식이다. 이 메뉴는 태왁이라 부르는데 제주 해녀들이 물질을
할 때 들고 다니는 도구의 이름에서 착안했다. 맛도 있고, 먹는 재미도
있으며 의미도 있는 공간이다.

DATA
Ⓐ 제주시 한림읍 금능7길 22　Ⓣ 064-796-7787　Ⓗ 매일 11:00-21:00(15:30-17:00
브레이크타임, 19:30 라스트오더)　Ⓟ 태왁 1만 5,000원(2인 이상 주문 가능)
Ⓜ Map → 5-R3

②🐟 애월제주다

제주의 제철 해산물을 48시간 숙성해 만든 모둠장 전문점. 오랜 시간
숙성하는 데다가 조미료를 사용하지 않아 자극적이거나 짜지 않다. 적당히
간간하고 감칠맛이 돌아 밥 한 그릇을 뚝딱 먹게 한다. 황게, 딱새우, 전복,
뿔소라, 문어 등 다양한 해산물이 들어간 모둠장뿐만 아니라 푸짐한 반찬까지
함께 나와 든든한 한 끼를 먹을 수 있다. 매일 한정된 수량만 판매하기 때문에
방문 전 확인은 필수.

DATA
Ⓐ 제주시 애월읍 가문동길 17　Ⓟ 010-3858-9321　Ⓗ 11:00-19:00(화요일 휴무)
Ⓟ 제주모둠장 3만 원　Ⓜ Map → 5-R10

③🐟 제갈양

갈치조림 및 구이 전문점인 이곳은 1m에 달하는 커다란 은갈치를 통으로
제공한다. 매콤한 양념에 조린 갈치조림은 가시가 없어 숟가락으로 퍼먹기
좋다. 구이의 경우 주인장이 직접 눈앞에서 숟가락을 이용해 살을 발라줘
먹기 편할 뿐만 아니라 보는 재미도 있다. 갈치 회와 돼지고기 조림 등 함께
나오는 밑반찬도 푸짐하니 맛있고 풍족한 식사를 즐길 수 있다.

DATA
Ⓐ 제주시 한림읍 한림로 155　Ⓣ 064-796-9933　Ⓗ 10:00-21:00(첫째, 셋째 주 수요일 휴무)
Ⓟ 2인 조림 6만 원, 2인 구이 7만 원, 갈치 뚝배기 1만 5,000원　Ⓜ Map → 5-R2

④🐟 한림칼국수 본점

보말칼국수는 진하면서도 깔끔한 국물과 쫄깃한 보말의 식감이
두드러지는 음식이다. 한림칼국수의 보말칼국수는 매생이도 함께
넣고 끓여 국물이 더욱 시원하다. 이곳은 모든 재료를 제주산으로
준비하며, 칼국수 또한 직접 반죽하여 사용한다. 이처럼 많은 정성이
들어간 이곳의 칼국수는 많은 이의 소울푸드로 꼽히며 한림 본점에서
시작해 제주공항점, 동문시장점, 세화점까지 지점을 넓혀가고 있다.

DATA
Ⓐ 제주시 한림읍 한림해안로 141　Ⓣ 070-8900-3339　Ⓗ 7:00-16:00(일요일 휴무)
Ⓟ 보말칼국수 9,000원 보말전 8,000원　Ⓜ Map → 5-R5

⑤ 🐟 명진전복

세화리와 평대리 해안도로에 자리한 전복 음식 전문점.
전복구이부터 전복죽, 전복돌솥밥까지 전복과 관련된 다양한
음식을 제공한다. 대표 메뉴로 꼽히는 전복돌솥밥은 전복
내장을 섞은 밥 위에 대추, 단호박, 전복이 함께 올라가 있다.
따로 간장을 넣지 않아도 간이 적절하며 고소한 맛을 낸다.
유명 TV 프로그램에 소개되어 큰 인기를 끌고 있으며, 긴 대기
시간을 감안하고서라도 재차 방문하는 이들이 많다.

DATA

Ⓐ 제주시 구좌읍 해맞이해안로 1282　Ⓖ 33.53242, 126.84985　Ⓣ 064-
782-9944　Ⓗ 9:30-21:30(마지막 주문 20:30, 화요일 휴무)　Ⓜ Map →
4-R5

⑥ 🐟 표선어촌식당

표선항 바로 앞에 소박하게 자리 잡은 식당. 수많은 메뉴 중 이
집의 옥돔지리(옥돔뭇국)는 현지인들에게 해장 메뉴로 인기가
많다. 특히 이곳은 생물 옥돔만을 사용하기 때문에 신선한
국물맛이 일품이다. 단, 옥돔 금어기인 7~8월에는 옥돔지리를
판매하지 않는다.

DATA

Ⓐ 제주 서귀포시 표선면 민속해안로 578-7　Ⓣ 064-787-0175
Ⓗ 매일 09:00-20:30(브레이크타임 15:30-17:00)
Ⓟ 옥돔지리 1인 15,000원　Ⓜ Map → 4-R15

TIP

모살광어?
제주말로 '모살'은 모래를 뜻한다. 바닷속 모래밭
에 몸을 숨기고 자라는 광어의 습성을 최대한 유
지하기 위해 양식장 바닥에 모래를 깔고 키워 이
런 이름이 붙여졌다. 자연산 광어에 가까운 맛이
나고 키우는 비용도 상대적으로 많이 들기 때문에
일반 양식광어보다 비싼 값에 팔린다.

⑦ 🐟 김녕미항

신선하고 특별한 재료로 주변의 기라성 같은 회국수집들과
어깨를 나란히 맞춰가고 있는 집. 회국수의 핵심은 뭐니
뭐니 해도 신선하고 쫄깃한 횟감. 이곳 김녕미항은 일반
광어보다 높은 몸값을 자랑하는 모살광어만을 사용하기
때문에 회의 맛이 좋을 수밖에 없다. 또한 감귤 진액이
들어간 사료를 먹고 지붕 없는 양식장에서 자란 친환경
모살광어 양식장을 함께 운영하므로 회의 신선도는 의심할
여지가 없으며, 맛은 달다고 표현할 정도. 회국수와 더불어
깻잎과 함께 싸 먹는 회무침도 이 집의 별미다.

DATA

Ⓐ 제주시 구좌읍 구좌해안로 222　Ⓣ 064-782-0688
Ⓗ 10:30-20:00 (수요일 휴무)
Ⓟ 모살광어 회국수 15,000원, 회무침 16,000원　Ⓜ Map → 4-R7

8 두루두루

공항 근처 신시가지에 위치한 객주리 전문점. 객주리는 '쥐치'의 제주도
방언으로 제주도에서는 고급 어종으로 손꼽힌다. 얇게 썰어낸 객주리
회는 육지에서 접하기 힘든 음식이며, 이곳의 별미는 객주리 조림인데
빨간 국물에 자박하게 끓여 낸 객주리 조림은 밥도둑 중의 밥도둑.
정성스레 지은 흑미밥에 국물을 비벼 먹으면 제주 여행의 만족도가 한껏
더 올라간다.

DATA
Ⓐ 제주시 삼무로3길 14 Ⓣ 064-744-9711 Ⓗ 매일 16:00-24:00
Ⓟ 객주리조림 중 40,000원 대 50,000원 객주리회 한접시 60,000원 Ⓜ Map → 3-R7

9 앞뱅디식당

멜은 '멸치'의 제주도 방언으로 제주에서 멸치가 잡히기 시작하면 봄이
왔음을 뜻한다고 한다. 비릴 것 같은 편견이 있지만 많이 비리지 않고 담백한
멜국은 봄의 춘곤증을 이겨내는 음식 중 하나. 저렴한 가격 덕분에 이 식당의
멜 요리 3총사인 '멜국', '멜튀김', '멜조림' 세 개를 한꺼번에 시켜도 부담되는
가격이 아니니 한 번에 3가지 요리를 다 맛보는 것도 괜찮다.

DATA
Ⓐ 제주시 선덕로 32 Ⓣ 064-744-7942 Ⓗ 월~토 09:00-21:00 일요일 9:00-14:00
Ⓟ 멜국 9,000원 멜튀김 15,000원 멜조림 15,000원 Ⓜ Map → 3-R8

10 곰막식당

동복 토박이가 고향에서 식당을 열었다. 함덕과
김녕 사이에 위치한 동복마을의 옛 지명을 그대로 딴
이 해수를 그대로 끌어와 수족관물로 사용하는 만큼 신선도가 좋은
것이 특징. 육지에서도 보기 힘든 주류자판기가 있어 술은 셀프로
구매해 마셔야 한다. 제주의 대표 어종인 고등어를 바로잡아 썰어낸
활고등어회는 이 집의 대표메뉴. 그 싱싱함이 일품이며 회만으로
부족하다면 회국수나 성게국수도 유명하니 추가하면 괜찮은 한 끼가
될 것이다.

DATA
Ⓐ 제주시 구좌읍 구좌해안로 64 Ⓣ 064-727-5111 Ⓗ 09:30-21:00(화요일 휴무)
Ⓟ 활고등어회 38,000원 회국수 11,000원 성게국수 12,000원 Ⓜ Map → 4-R2

TIP

제주의 보물 '꽃멸치'
제주 '멜'의 종류는 정확히 '꽃멜' 즉 꽃멸치다. 연
안에서 어린 시기를 보내다 먼바다에서 산란하는
일반 멸치와 반대로 먼바다에서 어린 시절을 보내
다 연안으로 와서 산란하는 특징이 있어 사이즈가
크다. 제주 비양도는 꽃멸치의 산란장소로 비양도
의 꽃멸치를 제주에서는 일품으로 쳐준다. 사실
꽃멸치는 청어목 멸치과인 일반 멸치와 달리 청어
목 청어과로 엄밀하게 따지면 다른 어종이라는 사
실!

11) 뿔소라몽땅

서귀포 신시가지에 위치한 제주에 몇 안 되는 뿔소라 요리 전문점. 코스요리인 '몽땅정식'이 이 집의 메인메뉴로 뿔소라로 만든 죽, 무침, 구이, 게우밥과 함께 제철 재료로 만든 요리가 제공된다. 뿔소라에 대한 소비가 생각보다 많지 않아 고민하는 현지 사정에 빗대면 참으로 고마운 집.

DATA

Ⓐ 서귀포시 이어도로 866-27 Ⓣ 064-738-4902 Ⓗ 11:30-19:30(화요일 휴무, 브레이크타임 15:00-17:30) Ⓟ 뿔소라 몽땅정식 1인 17,000원(2인 이상)
Ⓜ Map → 6-R2

TIP

제주에서 뿔소라 많이 드세요!
제주를 대표하는 식재료 뿔소라가 코로나 사태로 수출길이 막히는 등 판매 위기를 겪게 되어 해녀삼춘들이 울상이다. 젊은 스타트업과 협업해 각 마을마다 뿔소라 시식체험 및 판매 행사 등으로 판매수요를 늘리려고 노력 중이지만 만만치 않다. 주방 시설이 구비된 숙소에 묵는 여행객이라면 손질하기도 쉽고 맛도 좋은 뿔소라를 구입해 요리해 먹어보는 것만으로도 뿔소라 소비에 동참하는 길!

13) 상춘재

선흘2리 작은 마을 한편에 자리 잡은 비빔밥 전문점. 청와대 한식 요리사 출신 셰프의 정갈하고 깊은 한식의 맛을 느낄 수 있는 곳이다. 제주도 방언으로 '뭉게' 혹은 '물꾸리'로 불리는 돌문어 비빔밥은 꼭 한번 먹어봐야 하는 이곳의 주메뉴. 식재료의 신선도를 유지하기 위해 짧은 시간만 영업하기 때문에 피크타임 때 웨이팅은 필수!

DATA

Ⓐ 제주시 조천읍 선진길 26 Ⓣ 064-725-1557 Ⓗ 10:00-16:00(월요일 휴무)
Ⓟ 뭉게(문어)비빔밥 14,000원 꼬막비빔밥 13,000원 부추비빔밥 10,000
Ⓜ Map → 4-R8

12) 성산바다풍경

광활하게 펼쳐진 성산일출봉 전망을 바라보며 음식을 맛볼 수 있는 곳. 갈치조림, 돔베고기 등 제주 로컬 음식을 판매하지만 그중에 제일은 해물뚝배기. 된장 베이스에 시원한 국물과 푸짐한 해산물들이 뚝배기가 넘치도록 쌓인 채 등장한다. 1인 메뉴도 잘 준비되어 있어 혼자 와도 좋은 곳이다. 다른 음식점과 비교해 가격도 합리적이라 로컬들도 입을 모아 추천하는 곳.

DATA

Ⓐ 서귀포시 성산읍 일출로288번길 17 Ⓖ 33.46472, 126.93587
Ⓣ 064-784-9779 Ⓗ 10:00-21:00, 일요일 ~15:30 (둘째, 넷째 주 수요일 휴무)
Ⓟ 바다풍경뚝배기 1만 5,000원 Ⓜ Map → 4-R13

TIP

'상춘재'란?
청와대 부속건물로 외빈 접견 등을 위해 지어진 전통 한옥 양식의 건물. 일제강점기에 일본식 목조건축으로 만들어진 상춘실을 철거하고 1983년 전통 한옥 양식으로 완성했다.

김희선제주몸국 몸국 8,000원

Soup
제주를 오롯이 담아낸 한 그릇

제주에는 해장국집이 많고 유명하다. 제주의 특산물인 고사리를 넣은 고사리 육개장은 제주만의 육개장으로 자리 잡았다. 또한 오랜 시간 끓여 낸 돼지육수에 모자반을 넣고 끓여 낸 몸국은 제주의 역사와 전통을 고스란히 품고 있는 중요한 음식 중 하나다.

우진해장국 고사리 육개장 10,000원

은희네해장국 소고기해장국 10,000원

1 우진해장국

최근 제주에서 가장 유명한 해장국 가게로, 대표 메뉴는 고사리 육개장이다. 돼지를 넣고 푹 끓인 육수에 돼지고기와 고사리를 찢어 넣은 음식이다. 다른 해장국과 달리 고사리가 들어가 걸쭉하며 고소하고 담백하면서도 돼지 육수를 베이스로 하고 있기 때문에 깊은 사골 맛도 함께 느껴진다. 인기리에 방영된 TV 프로그램에 소개되며 유명해져 언제 찾아가도 대기해야 하는 불편함이 있지만 기다림의 가치가 있는 곳이다.

DATA
Ⓐ 제주시 서사로 11   Ⓣ 064-757-3393
Ⓗ 매일 6:00-22:00   Ⓟ 고사리육개장 10,000원
Ⓜ Map → 3-R12

2 은희네해장국

소고기를 듬뿍 넣는 것으로 유명한 해장국집. 양지고기와 선지, 콩나물과 당면까지 꽉 채운 해장국은 먹어도 먹어도 줄지 않는다고 느낄 만큼 푸짐한 양을 자랑한다. 매콤하고 칼칼한 국물은 밥을 말아 먹으면 간이 딱 적당하다. 아침 일찍부터 문을 열기 때문에 여행 일정을 시작하기 전 든든한 한 끼를 챙겨 먹기에도 좋다. 다만 저녁에는 장사하지 않는다는 것에 유의하기!

DATA
Ⓐ 제주시 고마로 13길 8   Ⓣ 064-726-5622
Ⓗ 6:00-15:00(목요일 휴무, 주말은 14:00까지)
Ⓟ 소고기해장국 10,000원   Ⓜ Map → 3-R21

3 김희선제주몸국

제주 향토 음식인 몸국은 돼지고기와 내장을 삶은 육수에 모자반을 넣어 만든 국이다. 원래의 몸국이 걸쭉하고 구수한 것과는 달리 이곳의 몸국은 깔끔하면서도 매콤한 맛이 특징이다. 몸국이 익숙하지 않은 여행객들을 위해 전통 방식에서 약간의 변형을 주었기 때문. 외부인들이 제주의 향토 음식에 대한 장벽을 허물 수 있도록 도와주는 곳이다.

DATA
Ⓐ 제주시 어영길 19   Ⓣ 064-745-0047
Ⓗ 7:00-16:00(토요일 15:00까지, 일요일 휴무)
Ⓟ 몸국 8,000원   Ⓜ Map → 3-R9

신설오름 몸국(소) 8,000원

어머니몸국 몸국 8,000원

몰고랑식당 몸국 10,000원

⟨4⟩ 어머니몸국

깔끔한 외관과 달리 오래된 전통을 가지고
있는 어머니몸국. 주인장의 어머니가 해녀라
추자도에서 최상급 모자반을 받아 만든다고 한다.
매일 직접 만들어내는 서비스로 제공하는 얇은
전과 함께 매일 직접 만드는 반찬들은 정갈하고
군더더기 없다. 점심시간에는 항상 만석일 정도로
도민들에게 사랑받는 집.

⟨DATA⟩
Ⓐ 제주시 조천읍 신북로 245 지도 Ⓣ 064-783-9818
Ⓗ 08:00-15:00(일요일 휴무) Ⓟ 몸국 8,000원
Ⓜ Map → 3-R17

⟨5⟩ 신설오름

제주 구시가지에 위치한 몸국 전문점. 원래 밤새
영업하는 곳으로 근처 수많은 현지 취객이 마지막
들르는 집으로도 유명하다. 이곳의 몸국은 따로
이야기하지 않으면 고춧가루를 듬뿍 올려내는데,
몸국 본래의 담백한 맛을 원한다면 주문하기 전에
미리 이야기해야 빨간 국물의 몸국을 피할 수
있으니 참고하자! 8,000원이라는 가격만으로도
모든 것이 용서되는 가격 착한 집.

⟨DATA⟩
Ⓐ 제주시 고마로 17길 2 Ⓣ 064-726-5622
Ⓗ 08:00-04:00(월요일 휴무)
Ⓟ 소 8000원, 대 15000원 Ⓜ Map → 3-R22

⟨6⟩ 몰고랑식당

'본디 국물이 보이지 않을 정도로 재료가 가득
차야 제대로 된 몸국이라 할 수 있지요'라는
주인장의 이야기답게, 일일이 손으로 발라낸
돼지고기 살과 모자반이 한가득 그릇에 담겨
나온다. 관광객 입맛에 맞춰 순화시키지 않은
꽃멜젓은 몸국의 심심한 맛과 함께 먹으면
안성맞춤. 둘 다 호불호가 있는 음식이지만 전통
본래의 맛을 느껴보고자 한다면 이곳이 안성맞춤.

⟨DATA⟩
Ⓐ 서귀포시 장수로 72 Ⓣ 064-732-5347
Ⓗ 08:00-20:00(일요일 휴무) Ⓟ 몸국 10,000원
Ⓜ Map → 3-R14

Noodle
제주의 또 다른 명물, 국수

일제강점기 시절 건면이 들어오면서부터 생기기 시작한 제주의
국수. 제주고유의 식재료인 돼지고기와 만나 고기국수라는 특별한
국수가 탄생했다. 오래전에는 돼지가 워낙 귀한 재료라 제주 혼례
때나 고기국수를 접할 수 있었지만, 현재는 제주도 어느 동네를
가던 고기국수 맛집 하나쯤은 있을 정도로 제주를 대표하는 음식이
되었다. 그 외에도 국내 최대 메밀 생산지 답게 메밀로 국수를
만들어 내는 집들도 인기몰이를 하고 있다.

올래국수 고기국수 8,000원

1 올래국수

별도의 양념이 들어가지 않아 하얀 국물에, 육수도 맑은 편이다.
그래서인지 담백하고 깔끔한 맛이 특징. 고기도 덩어리째
큼직큼직하게 썰어져 듬뿍 올라가 있다. 고기국수만을 단일메뉴로
판매하는 뚝심을 보여주는 곳이기도 하다.

Noodle

DATA
Ⓐ 제주시 귀아랑길 24   Ⓣ 064-742-7355
Ⓗ 08:30-17:30(일요일 휴무)
Ⓟ 고기국수 8,000원   Ⓜ Map → 3-R6

Noodle

골막식당 고기국수 7,000원

2 골막식당

비공식적이지만 '제주에서 처음으로 상업적 문을 연 고기국숫집'이라는
명성 하나로 찾아가 볼 만한 가치가 있는 곳. 1950년대 초기 제주국수 본래의
굵은 면발을 그대로 유지하고 있다. 두툼하게 썰어 무심하게 올려낸 수육은
담백하게 잘 삶아냈다. 맛을 떠나 존재만으로도 현지인들에게 인기를 얻는 곳.

DATA
Ⓐ 제주시 천수로 12   Ⓣ 064-753-6949   Ⓗ 06:30-19:00(일요일 휴무)
Ⓟ 고기국수 7,000원, 고기곱빼기 8,000원   Ⓜ Map → 3-R20

메밀밭에 가시리 메밀들기름면 10,000원

Noodle

3 자매국수

이곳의 국수에는 돼지껍데기가 붙어 있는 쫄깃한 고기가 올라간다. 고기의 양은 다른 국수 집에 비해 적은 편이지만, 면과 함께 먹으면 배가 차기엔 충분하다. 이곳은 매콤한 비빔국수와 돔베고기도 유명하기에 다양한 메뉴를 시켜 나눠 먹기에 좋다.

DATA

Ⓐ 제주시 삼성로 67 Ⓣ 064-727-1112 Ⓗ 매일 09:00-21:00 (주문 마감 20:10, 브레이크 타임 16:00-17:00) Ⓟ 고기국수 8,000원 Ⓜ Map → 3-R16

자매국수 고기국수 8,000원

Noodle

4 메밀밭에 가시리

표선면 가시리에 위치한 메밀요리 전문점. 100% 메밀가루로 면을 뽑아내는 것 자체가 기술이라고 할 정도로 찰기가 없는 메밀가루로 쫄깃한 면발을 뽑아낸다. 직접 메밀밭농사를 짓고 동시에 식당을 운영할 만큼 부지런함이 배어있는 이곳의 주메뉴는 순메밀들기름면. 강한 맛에 익숙한 사람이라면 사뭇 심심하다고 느껴질 수 있지만 그 깊이 있는 담백함에 자꾸 손이 가는 맛이다.

DATA

Ⓐ 서귀포시 표선면 가시로 423 Ⓣ 0507-1330-0480 Ⓗ 11:00-17:00(화요일 휴무) Ⓟ 메밀들기름면 10,000원 Ⓜ Map → 4-R12

5 삼대국수회관

매장이 넓고 회전이 빨라 다른 국숫집과 달리 웨이팅이 없다. 본점은 국수 거리에 자리하고 있지만 제주 곳곳에 지점이 많다. 고기 외에도 기본적으로 당근, 파, 깨, 양념 등 첨가되어 있는데 기호에 따라 테이블에 놓인 재료를 추가해 먹을 수도 있다.

DATA

Ⓐ 제주시 신대로20길 32(신제주점 기준) Ⓣ 064-747-9493 Ⓗ 10:00-18:00 Ⓟ 고기국수 7,500원 Ⓜ Map → 3-R23

한라산 아래 첫마을 비비작작면 10,000원

Noodle

삼대국수회관 고기국수 7,500원

Noodle

6 한라산 아래 첫마을

2015년도에 설립한 영농조합법인에서 운영하는 메밀요리전문점. 이곳의 시그니처 '비비작작면'은 100% 두른 들기름을 머금은 메밀면과 함께 제철 나물 들깨를 더해, 한 폭의 그림처럼 담아냈다. 메밀을 이용한 음료를 판매하는 카페도 겸하고 있어 오랜 시간을 즐기기 좋은 곳.

DATA

Ⓐ 서귀포시 안덕면 산록남로 675 Ⓣ 064-792-8245 Ⓗ 10:30-18:30(월요일 휴무) Ⓟ 비비작작면, 물냉면, 비빔냉면 10,000원 Ⓜ Map → 5-R9

The Taste Of The World
세계 속의 제주, 제주 속의 세계

신선하고 풍부한 제주의 식자재는 제주 향토 음식뿐만 아니라, 세계 각지의 음식 속에서도 빛을 발한다. 이를 일찌감치 깨닫고 알리기 위해 힘쓰는 제주의 음식점들이 있다. 자신만의 철학과 개성을 잃지 않으면서도 로컬의 정체성을 지키는 제주 속 세계 음식 전문점들을 소개한다.

○ 문쏘

제주도산 황게 한 마리가 통째로 들어간 황게 카레가 대표 메뉴다. 일본 카레에 사천 두부요리를 합친 것으로, 카레에 두부를 으깨 넣어 식감이 더욱 부드럽다. 다소 매운 편이지만 계속해서 숟가락을 들게 만드는 것이 특징. 얼마 전에는 그 맛을 인정받아 아시아의 미쉐린이라 불리는 미식림 100대 레스토랑에 선정되었다. 무엇보다 이곳은 로컬레스토랑이라는 정체성을 확고히 하는 곳으로 황게 카레 외에도 고등어밥 등을 선보이며 제주의 맛을 알리기 위해 힘쓰는 곳이다.

 DATA

Ⓐ 제주시 한림읍 한림상로 15-5
Ⓣ 064-796-4055 Ⓗ 10:30-20:20(목요일 휴무)
Ⓟ 황게 카레 1만 3,000원 Ⓜ Map → 5-R4

○ 도토리키친

제주 식자재를 일본 음식에 접목하여 선보이는 곳이다.
새콤달콤한 청귤을 소바 위에 올려 직접 개발한
수제 쯔유 속 면발과 함께 먹는 청귤소바가 대표
메뉴. 제주 각지에서 직접 선별해 가져온 청귤은
토핑 외에 국물을 낼 때도 사용된다. 소바와 청귤,
생소한 조합에 먹기 전에는 맛이 가늠이 안 되지만
시원한 소바 국물과 새콤달콤한 청귤이 묘하게
어우러져 입맛을 돋운다.

DATA

Ⓐ 제주시 북성로 59 1층　Ⓣ 064-782-1021　Ⓗ 매일 11:00-17:00(방문 전
SNS 공지 확인)　Ⓟ 청귤소바 9,000원　Ⓜ Map → 4-R1

◎ 라스또르따스

제주시청 뒤쪽 골목에 위치한 정통 멕시칸 타코집. 외관, 인테리어,
그리고 흘러나오는 음악까지. 멕시코 시내 타코집을 그대로
옮겨다 놓았다. 모양새만 그럴듯하게 꾸며놓았을 거라는
생각은 금물. 타코는 멕시코 현지에서 먹던 바로 그 맛.
멕시코에서 오랫동안 생활했던 경험을 바탕으로 젊은
부부가 2016년 애월 바닷가 쪽 자리를 잡았다가
이곳으로 옮겨왔다. 이전 후 새로 개발한 한우곱창
타코(타코 데 뜨리빠)는 그야말로 일품이다. 인기가
좋아 재료가 금방 소진되니 방문 전 연락은 필수.

DATA

Ⓐ 제주시 광양11길 8-1　Ⓣ 064-799-5100
Ⓗ 수, 목, 일 11:00-16:00 (15:00 라스트오더) / 금, 토 11:00 - 21:00,
(15:00 - 17:00 브레이크타임, 14:00, 20:00 라스트오더)((월, 화요일 휴무)
Ⓟ 뜨리빠(2타코) 11,000원, 또르따 하와이아나 9,500원　Ⓜ Map → 3-R18

▯▯ 하례정원

고요한 시골길을 따라가다 보면 등장하는 하례정원.
이탈리아 파스타와 리조또 전문인 이곳은 신선한 제주의
해산물을 사용해 음식을 만든다. 대표 메뉴로는 전복,
딱새우, 문어 등 다양한 해산물을 올린 곱딱파스타이다.
곱딱은 제주어로 곱다는 뜻을 가지고 있는데, 이에 걸맞게
먹기 아까울 정도로 예쁜 플레이팅을 자랑한다. 물론 맛도
훌륭하다. 아름답게 조성된 정원과 정성이 듬뿍 담긴
음식으로 자연스럽게 행복감이 충족되는 곳이다.

신선한 재료를
바탕으로 하는 음식점
들이다 보니 재료 소진이
빠를 수 있다.
방문 전 확인은 필수!

DATA

Ⓐ 서귀포시 남원읍 하례망장포로 39　Ⓣ 064-733-1337
Ⓗ 11:00-21:00(주문 마감 20:00, 브레이크 15:00-17:00, 수요일 휴무)
Ⓟ 곱딱파스타 22,000원　Ⓜ Map → 6-R4

맛있는 폴부엌

프랑스에서 정식으로 요리를 배웠지만 마음을 담은 요리를 대접하고
싶다는 마음으로 제주에 내려온 셰프, 폴의 부엌이다. 제주의 자연이
길러낸 돼지, 해녀가 잡아들인 뿔소라, 제주에서 나고 자란 달래,
제주의 땅을 누비는 촌닭 등 제주의 풍부한 식자재를 사용해
프랑스식 요리를 만들어낸다. 제주의 자연을 음식으로
구현하는 공간이자 느림의 미학을 통해 식사의 즐거움을
음미할 수 있도록 돕는 곳이다.

DATA
Ⓐ 제주시 한경면 저지리 2969-1 Ⓣ 010-3242-1624
Ⓗ 월-금 11:00- 19:00(브레이크 15:00-16:00) 토 11:00-15:00(일요일 휴무)
Ⓟ 뿔소라&달래 오일 파스타 1만 6,500원 Ⓜ Map → 5-R6

홍성방

모슬포항에 자리한 중화 음식점이다. 겉으로 보기에는
평범한 중국집 같지만 내부로 들어가면 북적이는
인파에 놀라게 된다. 제주 바다에서 난
해산물들을 푸짐하게 얹은 해물 짬뽕과
쫄깃한 흑돼지 탕수육으로 유명한
이곳은 로컬 사람들에게 꾸준히
사랑받고 있다. 특히 주말에는
외식을 즐기는 가족들로 금방 자리가
차니, 웨이팅할 각오로 찾아가야 한다.

DATA
Ⓐ 서귀포시 대정읍 하모항구로 76 Ⓣ 064-794-9555
Ⓗ 매일 11:00-21:00(주문 마감 20:00, 브레이크 15:30-16:30)
Ⓟ 빨간해물짬뽕 9,000원 Ⓜ Map → 5-R7

해피누들

함덕 뒷골목 작은 쉼터 앞에 작게 자리 잡은 모습이 베트남 노포 국숫집을
그대로 닮았다. 수많은 쌀국수 집들이 있지만 이 집의 육수는
그야말로 현지에서 맛보던 육수 맛을 그대로 담아왔다고
느껴질 정도로 맛깔나다. 사이드 메뉴인 짜조 또한 이곳만의
별미로 대부분의 손님이 주문할 정도로 그 맛은 이미
검증되었다. 의자에 빼곡히 쓰여 있는 낙서만으로도
이곳의 인기를 실감할 정도.

DATA
Ⓐ 제주시 조천읍 함덕14길 16 1층 Ⓣ 0507-1335-1948
Ⓗ 10:00-20:00 (브레이크 타임 15:00-17:00, 목요일 휴무)
Ⓟ 양지쌀국수 9,000원, 짜조 4,000원 Ⓜ Map → 4-R3

월정타코마씸

월정리 바다를 앞에 두고 자리한 타코 전문점. 2014년에
오픈한 이곳은 오랜 시간 같은 자리를 지키며 매일 같이 새로운
건물과 공간이 들어서는 월정리의 변화를 지켜보았다. 월정리와
달리 언제나 한결같은 이곳은 곳곳에 멕시코 분위기를 물씬
풍기는 소품들을 볼 수 있다. 제주산 흑돼지로 만든 타코가 메인
메뉴. 다양한 재료를 넣어 직접 타코를 싸 먹을 수 있는 직접 타코 세트도
있다. 타코의 경우 들고 먹기 편해 해변에 나가 먹기에도 좋다.

DATA

Ⓐ 제주시 구좌읍 해맞이해안로 474 Ⓣ 064-782-0726
Ⓗ 매일 12:00-20:00(주문 마감 19:00, 휴무는 SNS로 공지)
Ⓘ @tacomassim_ Ⓟ 흑돼지 타코 8,000원 Ⓜ Map → 4-R10

88버거

제주산 흑돼지 패티를 기반으로 한 수제버거집이다.
팔팔한 기운으로 팔팔한 재료를 가지고 팔팔하게
팔아보자는 의미이다. 매일 아침 수제로 직접 만드는
두툼한 패티와 신선한 재료들을 차곡차곡
쌓은 버거는 한입에 넣기 버거울 정도로
엄청난 두께를 자랑한다. 부드러운
빵과 두툼하면서도 육즙이 가득한
패티가 입소문이 나면서 유명세를 타
성산에 2호점도 오픈했다.

DATA

Ⓐ 서귀포시 동문로 63 Ⓣ 064-733-8488 Ⓗ 매일 10:00-21:00
Ⓟ 88버거 9,800원 탄산 세트 1만 2,800원 Ⓜ Map → 6-R3

그라나다

제주 시내에 자리한 스페인 음식점이자 타파스 바이다.
건물 모퉁이에 자리한 공간은 작은 규모지만,
이국적인 모습을 하고 있기에 쉽게 눈길을 끈다. 톤
다운된 빨간 색으로 덧칠한 공간은 스페인에 있는
어느 작은 가게의 모습을 닮았다. 스페인에서 직접
하몽 만드는 방법을 배우고 관련 자격증까지 취득한
셰프가 운영한다. 든든한 스페인식 식사도 가능하지만, 밤에
찾아가면 근사한 와인바가 된다.

DATA

Ⓐ 제주시 1100로 3308 Ⓣ 064-712-6682 Ⓗ 월-토 12:00-24:00(브레이크 15:00-17:30, 일
요일 휴무, 매달 마지막 주 월요일 휴무) Ⓟ 오리지널 감바스 1만 2,000원 Ⓜ Map → 3-R2

Cafe In Jeju
제주 카페 여행

카페를 찾아가는 것이 하나의 여행 방법으로 인정받는 시대다.
이런 트렌드에 맞춰 제주에서도 하루에도 수많은 카페가
생기고 있다. 그중 자신만의 소신과 방법으로 제주의 모습을
담은 카페들을 꼽아보았다. 이제 제주로 카페 여행이 아닌,
카페로 제주 여행을 떠날 때이다.

Cafeseba 카페세바

① 사계생활

마을의 중심이자 주민들의 쉼터였던 농협이 이사하자
건물에는 적막만이 남게 되었다. 그렇게 2년 정도 지났을까, 버려졌던 공간에
다시금 생기가 돌기 시작했다. 사계생활이라는 이름 아래, 1층에는 카페 공간이자
소품 및 전시 공간, 2층은 코워킹 스페이스가 들어서면서 다시금 사람들이 찾기
시작한 것. 과거 은행이었던 시절, 주민들이 모여 담소를 나눴듯 이곳에서도 다양한
로컬 이야기가 모이길 바라는 마음으로 은행의 모습을 그대로 살렸다. 곳곳마다
공간의 과거 모습을 활용해 재해석한 지점을 찾는 재미가 있다.

DATA

Ⓐ 서귀포시 안덕면 산방로 380
Ⓣ 064-792-3803
Ⓗ 매일 10:00-18:00 Ⓢ 산방산 카푸치노 5,500원
Ⓜ Map → 5-C14

☕② 앤트러사이트 제주

앤트러사이트 제주는 과거 전분 공장이었던
공간을 개조한 카페. 주목할 점은 공간을
재생하는 과정에서 과거를 묻어 버리기보다는
껴안고 함께 걸어가길 택한 것. 공장에서
사용하던 기계와 철문 등은 그대로 두었고, 철거
중 나온 나무를 이용해 카페에서 사용할 테이블을
만들었다. 돌담으로 이뤄진 공장 건물은 제주의
지역성까지 나타낸다. 이 모든 요소가 한 공간
안에 공존하며 어디에서도 볼 수 없는 이색적인
모습을 만들어낸다.

DATA

Ⓐ 제주시 한림읍 한림로 564
Ⓣ 064-796-7991 Ⓗ 매일 09:00-18:00
Ⓟ 아메리카노 5,000원 Ⓜ Map → 5-C4

☕③ 리듬

연식이 가늠되지 않을 정도로 허름한 외관에 커다랗게 자리 잡은 태평탕
간판. 리듬은 제주 원도심의 옛 목욕탕 건물에 있다. 바로 옆 골목에서
쌀다방이란 이름으로 5년간 카페를 운영하던 주인장이 10년 넘게 방치되었던
목욕탕 건물을 개조해 이전하였다. 내부의 첫인상은 깔끔한 목조 가구들이
배치돼 목욕탕이었나 싶지만, 안으로 들어갈수록 과거 사용되었던 목욕탕
타일들과 독특한 구조가 남아 있어 과거의 모습이 어떠했을지 유추할 수 있다.

DATA

Ⓐ 제주시 무근성7길 11 Ⓣ 070-7785-9160
Ⓗ 매일 11:00-20:00 Ⓟ 쌀라떼 6,000원 Ⓜ Map → 3-C2

☕④ 명월국민학교

1993년 폐교가 된 국민학교가 25년 만에 똑같은 이름으로 새롭게 태어났다.
명월리 청년회를 중심으로 마을 주민들이 힘을 모아 버려진 공간을 카페
및 문화공간으로 되살려 놓은 것. 과거 정체성을 그대로 살린 공간은
이색적이면서도 친근하다. 카페 반, 소품 반, 갤러리 반으로 나누어져 있으며
방마다 옛 모습이 담긴 사진들도 함께 전시되어 있어 구경하는 재미도 있다.
수익금의 일부는 마을 발전기금으로 사용된다.

DATA

Ⓐ 제주시 한림읍 명월로 48 Ⓣ 070-8803-1955
Ⓗ 매일 11:00-19:00(휴무는 SNS 공지) ⓘ @___lightmoon/
Ⓟ 명월 차 6,500원 Ⓜ Map → 5-C3

5 풀베개

제주의 가정집을 개조해 만든 카페. 상호는
나쓰메 소세키가 쓴 동명의 책에서
착안했다. 공간은 두 채로 나누어져
있는데, 한 곳은 커다란 창과 그 앞에
있는 자그마한 귤나무들이 아름다운
곳이다. 나머지 한 곳은 아늑한 아지트
같은 느낌을 준다. 작은 소품 하나부터
테이블까지, 세심한 손길이 느껴지는 풀베개는
공간을 준비하는 시간만 8개월이 걸렸다고. 시간과 정성이 스민
공간은 머무는 이들에게 따뜻한 시간을 선사한다.

DATA

Ⓐ 서귀포시 안덕면 화순서서로 492-4
Ⓣ 064-792-2717　Ⓗ 매일 10:00-22:00
Ⓟ 라떼 6,000원 스윗 풀베개 6,000원　Ⓜ Map → 5-C12

6 제주 시차

대문을 열고 들어서면 등장하는 작은 공간. 카페
시차에 들어서면 7080 가정집에 온 듯한 기분이
든다. 실제로도 옛 제주의 가옥을 7080 콘셉트로
개조했고 쌓여 있는 비디오테이프, 창문 문양, 티
코스터와 티스푼 등 소품 하나하나가 모두 과거를
회상하게 만든다. 커다란 창은 사각 프레임 가득
차게 푸릇푸릇한 제주의 자연을 담고 있다. 이름
그대로 분주한 일상과 여유로운 제주에서의
시차를 더욱 벌려주는 공간이다.

DATA

Ⓐ 제주시 한림읍 귀덕5길 20-14
Ⓗ 매일 12:00-17:00
Ⓟ 동백자몽차 6,500원 동백꽃과자 3,800원
Ⓜ Map → 5-C5

7 모립

공간에 들어서자마자 세상과 동떨어진 느낌이
드는 고요한 곳. 내면과 관계에 몰입하는
시간을 제안하는 카페, 모립이다. 언제나
사람들로 북적이는 애월 해안가에 있지만,
작은 주택을 개조한 공간은 마당에 대나무를
심어 이곳만의 분위기를 확립했다.
어두운 톤에 원목 가구들과 창밖으로
보이는 대나무 숲이 마음을 평온하게
만든다. 핸드드립으로 내려주는 정성이 담긴
커피는 자신만의 시간에 더욱 몰두할 수 있도록
도와준다.

DATA
Ⓐ 제주시 애월읍 애월로1길 26-7
Ⓗ 매일 11:00-18:00(주문 마감 17:30) Ⓟ 빙하 8,000원
Ⓜ Map → 5-C8

8 스을

오름과 밭들 사이에 자리한 스을. 제주의 자연 안에 스을쩍 머물다
가길 바라는 주인장의 마음이 듬뿍 담긴 곳이다. 바다를 등지고
크게 뚫려있는 나무 창으로 따스한 햇볕을 맞으며 잠깐 쉬어가 보자.
모든 자리가 소파와 러그, 쿠션을 이용해 인테리어 되어 있어 편하게
머물다 갈 수 있다. 아메리카노, 라벤더 라떼 등 커피 메뉴 외에 핫
초콜릿, 백향과 에이드, 홍차 등의 디카페인 음료도 준비되어 있다.

DATA
Ⓐ 제주시 구좌읍 덕형로 207
Ⓣ 010-4728-1861 Ⓗ 매일 11:00-18:00 (비정기 휴무, SNS 확인)
Ⓟ 아메리카노 5,000원 Ⓜ Map → 4-C2

9 그계절

외관은 허름한 컨테이너 같다. 더불어 한적한 동네에
자리하고 있어 발견하지 못하고 그냥 지나치기 십상이다.
그래서인지 공간 내부로 들어가는 순간 더더욱 예기치
못한 선물을 받은 기분이 든다. 문을 열면 식물로 가득한
아름다운 공간이 눈 앞에 펼쳐진다. 누군가의 작은
온실에 찾아온 듯, 혹은 숲속 숨겨진 공간을 찾은 듯
온통 푸릇푸릇한 이곳에서는 저절로 기분이 환기되고
상쾌해진다. 언제나 따뜻하고 푸르른 계절이 머무르는 곳이다.

DATA
Ⓐ 제주시 구좌읍 한동로 119 Ⓣ 010-3140-3121
Ⓗ 매일 11:00-17:30(휴무는 SNS 공지) Ⓘ @he_season
Ⓟ 여름방학 7,500원 Ⓜ Map → 4-C3

10 카페닐스

직접 로스팅한 원두를 핸드드립하여 내려주는
자가배전 커피전문점이다. 2019년 금능리에서
옹포리로 자리를 옮기며 더 넓어진 공간에는 아늑하고
조용한 분위기와 맛있는 커피를 찾아온 사람들의
발길이 끊이지 않는다. 부부가 함께 운영하는
공간으로, 손님의 원두 취향을 묻고 세심하고 친절하게
추천해준다. 꽃향기가 나는 원두부터 묵직한 바디감이
느껴지는 원두까지 선택의 폭도 다양하다. 또한, 책을
읽으며 시간을 보내는 손님을 응원하며 이들에게 커피
리필 1회를 무료로 제공한다.

DATA
Ⓐ 제주시 한림읍 일주서로 5153
Ⓣ 064-796-1287 Ⓗ 매일 11:00-19:00
Ⓟ 핸드드립 스페셜 6,000원 Ⓜ Map → 5-C2

11 풍림다방

커피 맛이 뛰어난 제주 카페로 방송 프로그램에 소개되면서 웨이팅이 필수가
된 풍림다방. 자리도 협소하고 대기 시간도 길지만, 이 모든 것이 이해될
만큼 커피 맛이 좋다. 그중 직접 내려주는 핸드드립과 달콤한 크림이 올라간
풍림브뤠베가 시그니처 메뉴. 풍림브뤠베에 사용하는 크림은 주인장이
직접 개발한 것이라고. 이외에도 모든 메뉴를 직접 로스팅한 원두로 만들어
훌륭하다. 직접 로스팅한 원두는 구매할 수 있다.

DATA
Ⓐ 제주시 구좌읍 중산간동로 2267-4 풍림다방
Ⓗ 10:30-18:00(수, 목요일 휴무)
Ⓤ @pung_lim_dabang
Ⓟ 아메리카노 6,000원 풍림브뤠베 8,000원 Ⓜ Map → 4-C2

12 유동커피

이중섭 거리에 자리한 이곳은 작은 규모지만 유명세만큼은 어느
서울의 카페 못지않은 곳이다. 제주에서 커피 맛이 좋은 카페를
꼽으라면 항상 순위에 들어가는 곳이기 때문이다. 한쪽 벽면에는
세계에서 열린 다양한 바리스타 대회 상장들이 빼곡히 걸려 있다.
직접 로스팅한 원두로 정성스럽게 내려주는 커피는 가격도 합리적이라
로컬들에게도 사랑받고 있다.

DATA
Ⓐ 서귀포시 태평로 406-1 Ⓣ 064-733-6662
Ⓗ 매일 08:00-22:00 Ⓟ 라떼 4,500원 Ⓜ Map → 6-C1

13 카페세바

한적한 마을 선흘리에 자리한 카페세바. 사실 이곳은 아늑하고
예쁜 인테리어와 모카포트 커피로 유명해졌다. 더불어 이곳이
더욱 특별하게 느껴지는 이유는 언제나 마을과의 상생과
공존을 고민하기 때문이다. 주인장은 몰리는 손님들로 행여
마을 주민들에게 피해를 줄까 언제나 주의하며, 로컬들과의
모임을 열기도 한다. 그러고 보니, 이 공간 역시도 숲의
마을이라 불리는 선흘리의 모습을 축소해 놓은 듯 아름답다.

DATA
Ⓐ 제주시 조천읍 선흘동2길 20-7   Ⓗ 11:00-18:00(토, 일요일 휴무)
Ⓟ 카페모카 7,000원 구움보리빵 5,000원   Ⓜ Map → 4-C1

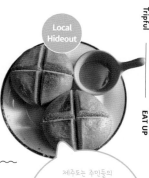

Local
Hideout

제주도는 주민들의
통행과 올레길 지정으로 인해
상점 및 공간 주변에 주차를
금하는 경우가 많다. 카페에서
지정한 주차 공간을 미리
알아보는 것이 좋다.

14 니모메빈티지라운지

제주시 중심과 애월읍 사이에 자리한 외도는 공항과도 가까운 한적한 바닷가
동네이다. 그리고 최근, 이곳 해안가에는 바다를 마당 삼은 카페들이 하나둘
자리 잡기 시작했다. 니모메빈티지라운지도 그중 하나로, 예쁜 바다 풍경과
더불어 독특한 인테리어로 로컬들에게 사랑받는 공간이다. 2층으로 된
공간은 앤티크 및 빈티지 소품들로 알차게 꾸며져 있다. 로컬들은 숨겨진 예쁜
카페를 찾는 여행자들에게 자신 있게 이곳을 추천한다.

DATA
Ⓐ 제주시 일주서로 7335-8   Ⓣ 064-742-3008
Ⓗ 매일 10:00-22:00   Ⓟ 니모메선셋 8,000원 카멜 7,000원   Ⓜ Map → 3-C1

15 카페 제주동네

겉으로 보기에는 평범하게 보이는 카페. 다른 유명 제주 카페에
비교해서 포토존이 따로 있는 것도, 인테리어가 뛰어난 것도
아니다. 그러나 이곳은 2014년 문을 연 이후로 주민들에게 꾸준히
사랑받는 공간이다. 길게 난 창으로는 옹기종기 모여 있는 종달리의
집들이 그대로 들어온다. 탁 트인 루프탑에서는 마을 전경이
보인다. 종달리가 속한 구좌읍의 특산품인 당근으로 빙수를 만들어
판매한다. 마을 사람들이 사랑하는 이 장소는 마을 그대로를 담아
보여준다.

DATA
Ⓐ 제주시 구좌읍 종달로5길 23   Ⓣ 070-8900-6621
Ⓗ 10:00-16:30(일요일 휴무)   Ⓟ 더치 아메리카노 4,500원 당근 빙수 1만 2,000원
Ⓜ Map → 4-C7

16 모드커피

외딴 마을 신흥리 안쪽 체육공원 옆에 자리 잡은
공간. 건물 앞 초인종을 눌러야 문을 열어주는
비밀스러운 공간이다. 오래전 감귤창고로 쓰이던
건물을 개조해 카페로 운영하고 있으며, 이곳의
반쪽이 남편이 운영하는 유명한 돈가스집
'호화돈까스'가 자리 잡고 있어 점심 식사와
커피를 한 공간에서 해결할 수 있다는 장점이
있다. 이곳 앞쪽에 위치한 동백나무 숲길은 꽤나
매력적인 공간이므로 식사 후 시간이 된다면
한번 걸어보는 것을 추천한다.

DATA
Ⓐ 서귀포시 남원읍 한신로531번길 23
Ⓣ 010-6671-1712 Ⓗ 11:00-16:00(월요일 휴무)
Ⓟ 핸드드립커피 변동, 에스프레소 5,000원 Ⓜ Map → 6-C6

17 오설록 티 뮤지엄

국내 최초 차 박물관이자 다양한 녹차 음료, 디저트를
맛볼 수 있는 곳. 제주 여행에서 빠지면 섭섭한 곳인 만큼
많은 사람이 오설록 티 뮤지엄을 방문한다. 차밭과 맞닿아
있어 광활하게 펼쳐진 차밭 사이에서 사진도 남길 수 있어
사진 명소로도 널리 알려졌다. 세작, 제주화산암차 등
오설록의 다양한 차들을 마셔볼 수 있으며, 쌉싸름한 녹차
아이스크림과 녹차 롤 케이크도 맛있으니 함께 먹어보길
바란다. 여러 티 제품들도 판매해 선물로 구매하기 좋다.

DATA
Ⓐ 서귀포시 안덕면 신화역사로 15
Ⓣ 064-794-5312 Ⓗ 매일 10:00-19:00
Ⓟ 녹차 아이스크림 5,000원 Ⓜ Map → 5-★16

18 베케

제주에서 귤이 가장 맛이 좋기로 유명한 효돈에
자리한 카페. 마을을 가로지르는 도로를 곁에
두고 무심한 듯한 느낌의 노출 콘크리트 건물이
자리 잡았다. 겉에서만 이곳을 판단하기엔 금물.
건물 안으로 들어서면 엄청난 규모의 정원이
가꿔져 있고 그 전경을 온전히 느낄 수 있는
압도적인 통창 프레임이 마음을 탁 트이게 만든다.
말 그대로 '도심정원'. 단순히 바라보는 풍경이
아니라 느린 걸음으로 소소하게 산책도 할 수 있는
이곳은 제주 남쪽 마을 효돈이 품은 보석 같은 곳.

DATA
Ⓐ 서귀포시 효돈로 54 Ⓣ 064-732-3828
Ⓗ 10:00-18:00(화요일 휴무)
Ⓟ 아메리카노 5,500원 카페라떼 6,000원 차콩크림라떼 7,500원
Ⓜ Map → 6-C3

19 카페 을리

여유로움의 한도초과. 제주의 귤창고 한면의
모양을 창으로 그대로 표현한 카페. 밝은
컬러의 목재들과 베이지톤의 벽면은 들떠있는
여행자들의 맥박을 잠시 느릿하게 만들어
준다. 커다란 창밖으로 보이는 밭담, 청보리밭,
오름들의 풍경은 창 하나로 제주 중산간의
풍경을 모두 담았다. 카멜리아힐 옆에 있어 함께
묶어서 여행해도 좋다.

DATA
Ⓐ 서귀포시 안덕면 병악로 90 ⓣ 0507-1375-1708 Ⓗ
11:00-18:00(주문마감 17:30, 화요일 휴무) Ⓟ 아메리카노
5,000원 카페라떼 5,500원 딸기라떼 7,000원 Ⓜ Map →
5-C17

20 순아커피

관덕정 앞 100년 넘은 적산가옥을 그대로 살려내 카페로 운영하는
곳. 역사적인 대소사가 항상 끊이지 않았던 곳에 위치해 흘러왔던
역사의 현장들을 있는 그대로 받아내고 서 있는 몇 안 되는 곳이지
않을까. 그 시간은 오래된 신문으로 헤진 면을 덧댄 벽면에,
이층으로 올라갈 때 삐걱거리는 나무계단의 소리에 고스란히 담겨
있다. 원주인인 할머니의 이름을 그대로 딴 순아커피는 100년의
역사를 뒤로하고 아직도 앞으로 흘러가고 있다.

DATA
Ⓐ 제주시 관덕로 32-1 ⓣ 010-9102-0120 Ⓗ 09:00-19:00(일요일 휴무)
Ⓟ 아메리카노 4,000원, 카페라떼 4,500원, 수제차 5,500원, 쉐이크 6,000원,
개역(제주보리미숫가루) 5,000원 Ⓜ Map → 3-C4

21 서양차관

보목 해안 도로 쪽에 자리 잡고 있던 개인 별장이
멋진 찻집으로 변신했다. 인기리에 종영한 드라마
'미스터션샤인'이 떠오르는 시대적 인테리어와
소품들이 맛을 떠나 눈을 즐겁게 만들어준다.
커피가 아닌 진한 향의 홍차 및 블렌딩 티를
선호하는 사람이라면 꼭 한번 방문해 보면 좋을
곳. 이곳 앞에 펼쳐진 멋진 바다 풍경은 덤이다.

DATA
Ⓐ 서귀포시 보목포로 145 ⓣ 064-732-1555 Ⓗ 11:00-
19:00(화요일 휴무) Ⓟ 밀크티 6,500~7,500원 Ⓜ Map →
6-C5

22 친봉산장

송당마을의 터줏대감 중 하나였던 친봉산장이 2년여간의 준비
기간을 거쳐 훨씬 더 멋진 옷으로 갈아입고 나타났다. 한라산을
뒷배경으로, 이제는 정말 외국 깊은 산속의 산장이라고 느낄
만큼의 모양새를 갖췄다. 규모와 공간을 채운 소품들 모두
압도적이라고 표현해도 과하지 않다. 이곳에 들어 있으면 마치
긴 산악트레킹을 마치고 얻는 휴식처 같은 느낌이라 자연스럽게
모든 기운이 차분해진다. 기존 분위기와 규모는 완전히
달라졌지만, 여전히 멋스럽고, 여전히 친절하다.

DATA
Ⓐ 서귀포시 하신상로 417 Ⓣ 0507-1442-5456
Ⓗ 매일 10:00-21:00, 20:30(라스트오더) Ⓟ 에인절미
10,000원, 아메리카노 6,000원, 가가멜 스튜 15,000원
Ⓜ Map → 4-C5

23 오리프

빨간 동백나무 사이 연노랑 외관이 눈에 띄는 카페.
밖에서 보는 외부의 느낌이 안까지 이어지는 따뜻한
곳이다. Oh, leaf라는 이름처럼 창밖으로 초록초록한
풀들이 보이는 창가 옆에 앉아 따사로운 제주의
햇살을 맞으며 차 한잔 마셔보자. 음료는 커피, 라테,
백향과에이드, 레몬차 등이 있으며, 헤이즐넛초코쿠키,
딸기 케이크, 레몬요거트케이크 등 디저트류도 함께
만들어 판매한다. 디저트는 시즌에 따라 달라질 수
있다.

DATA
Ⓐ 서귀포시 남원읍 태위로 255
Ⓘ @oh___leaf Ⓗ 10:00-18:00 (수요일 휴무)
Ⓟ 아메리카노 5,000원 Ⓜ Map → 6-C8

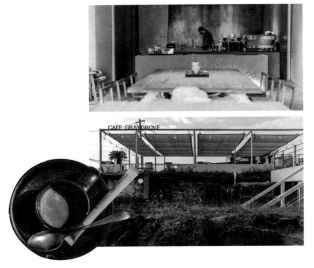

24 그레이그로브

흔히 '동굴 카페'라 불리는 이곳은 과거 감자 저장고로 쓰던 반지하
식의 공간을 개조해 만들었다. 예전 바로 앞 해안 도로가 나기
전에는 모살통('모래가 모이는 곳'이란 뜻의 제주어)이라 부르던
장소로, 그 느낌을 살려 1층(반지하식의 공간) 바닥 곳곳을
모래로 채워 디자인했다. 저장고로 쓰일 만큼 한여름에도 시원해
왜 사람들이 '동굴 카페'라고 부르는지 이해가 될 정도로 공간의
조도가 낮아 그루브한 느낌. 2층 테라스에서 바다를 바라보면
1층 실내의 느낌과는 정반대로 바로 앞 사계바다를 향해 전망이
뻥 뚫려있다. 사계리에서 나고 자란 제주의 몇 안 되는 '해남'이자
1세대 서퍼가 운영하는 곳.

DATA
Ⓐ 서귀포시 안덕면 형제해안로 70 Ⓣ 010-9155-1935 Ⓗ 매일 11:00-18:00
Ⓟ 아메리카노 5,500원(에스프레소 가능) Ⓜ Map → 5-C16

25 공백

공간 자체가 하나의 힘이 되는 곳. 함덕과 김녕사이에
위치한 동복리 포구를 마주하고 있는 카페 & 갤러리.
오래된 콘크리트 건물의 크기를 그대로 살려 놓은 넓은
공간들 사이로 흘러가는 공기의 흐름을 그대로 타는
듯하다. '복합문화공간'을 지향하지만 본래의 의미보다
넓은 공백들이 주는 힘이 더 크게 느껴지는 곳으로
넓게 펼쳐진 제주 북쪽 바다 풍경은 이곳에서는 덤이다.
동쪽으로 제주 여행의 첫걸음을 뗀 여행자라면 첫
기착지로 삼기에 좋은 공간.

DATA

Ⓐ 제주시 구좌읍 동복로 83
Ⓣ 0507-1494-0040   Ⓗ 매일 10:00-19:00
Ⓟ 동복선셋티(믹스베리&히비스커스) 9,000원 아메리카노
7,500원 라떼 8,000원   Ⓜ Map → 4-C8

26 오오디

공간 그 자체가 '제주의 숲'인 One Ordinary Day.
'어느 평범한 날'이라는 이름을 One Special Day라고
바꿔주고 싶을 정도로 이 공간은 특별하다. 800여
평 되는 제주의 한적한 숲속에 기존 나무를 전혀
해치지 않고 그대로 살려두고 건물을 들어서게
건축했다. 때문에 실내에 들어서면 사방 어느 곳에
앉던 제주의 숲속에 들어와 있는 느낌이다. 커피와
음료를 만들어내는 공간 뒤편으로 난 거대한 창은
마치 커다란 풍경 사진의 프레임을 닮아, 다음 계절이
채워줄 모습이 궁금해진다. 제주에서 보기 힘든 자연
못도 건물 밖 한편에서 만날 수 있으며, 2층 테라스에
올라가면 온 사방을 둘러싸고 있는 나무들을 내려다볼
수 있다.

DATA

Ⓐ 제주시 한경면 용금로 360-10
Ⓗ 10:00-18:00(화요일 휴무)
Ⓟ 핸드드립커피 7,500~12,000원 패션로즈에이드 8,000원
Ⓜ Map → 5-C1

Meet the Ocean
오션뷰 카페

사면이 바다인 제주의 특징을 가장 잘 느끼려면 두말할 것 없이
바다 근처 오션뷰 카페가 답이다. 멋진 인테리어, 커피의 맛을
떠나 제주바다의 풍경과 소리를 그대로 담아낸 공간들은 여행을
더욱 여행답게 만들어 주는 마법과도 같다.

허니문하우스

---

① 허니문하우스

제주도지사 등록 제333호 관광숙박업으로
등록된 무궁화5개 숙소. 허니문하우스의 과거는
그렇다. 이 공간을 그대로 살려 베이커리 카페로
멋지게 변신했다. 숙소로 유명세를 떨쳤던 만큼
이곳에 들어서면 카페보다는 마치 동남아 휴양지
리조트에 들어온 기분. 촘촘하게 잘 가꿔진
야자수와 유럽풍 건축양식의 아치들이 마음을
평온하게 해준다. 공간 앞으로 펼쳐진 바다뷰는
두근대는 심장 소리를 인사 삼아 교감하기에
충분하다.

> 허니문하우스에는 포토 스팟이
> 곳곳에 있다. 특히 돌하르방을
> 따라 입구로 들어서면
> 이국적인 풍경이 펼쳐지는
> 길목에서 사진을 꼭 남기길
> 바란다.

DATA

Ⓐ 서귀포시 칠십리로 228-13 Ⓣ 070-4277-9922
Ⓗ 매일 10:00-18:30 (라스트 오더 18:00)
Ⓟ 아메리카노 6,000원, 카페모카 7,500원, 아인슈페너 8,500
원 Ⓜ Map → 6-C2

2 오르바

한적한 보목포구 옆, 제지기 오름을 등지고 바다를 바라보고
있는 베이커리 카페. 커다란 창을 통해 들어오는 빛을 따라
자연스럽게 눈을 돌리면 제주의 남쪽 바다가 한눈에 담을 수
없을 정도로 넓게 펼쳐진다. 매일 빵과 케이크를 직접 연구하고
구워 내는 베이커리 카페답게 디저트의 맛과 신선도가
훌륭하다. 천천히 오랫동안 함께하고 싶어 가격도 상대적으로
저렴하게 유지하고 있다. 항상 맛 좋은 빵을 연구한다는
주인분의 마음씨가, 화려하지 않지만 진득한 매력이 있는 남쪽
바다를 닮은 곳.

Ⓓ DATA
Ⓐ 서귀포시 보목포로 78 Ⓣ 010-5691-8203
Ⓗ 매일 09:00-21:00(라스트오더 20:00)
Ⓟ 에스프레소 3,800원, 에그타르트 2,800원, 케익류 6,000원 Ⓜ Map → 6-C4

3 봄날

한담해변의 애월카페거리가 활성화되기 전부터 자리 잡고 있는 터줏대감.
한담해변 1호 커피전문점이라는 타이틀을 가지고 있는 이곳은 해안가와 바로
마주해 있어 풍경은 그야말로 이곳을 대표하는 곳이 되었다. 바다와 붙어
있어 창가 쪽에 앉으면 해변과 바로 마주할 수 있다. 아기자기한 인테리어로
많은 사진 스폿을 가지고 있는 곳.

Ⓓ DATA
Ⓐ 제주시 애월읍 애월로1길 25 Ⓣ 064-799-4997 Ⓗ 매일 09:00-21:30
Ⓟ 아메리카노 5,000원 오늘의 스페셜티 커피 6,500원 각종 음료 6,000~7,500원 Ⓜ Map → 5-C11

4 하이엔드제주

푸른 바다와 어울릴 수밖에 없는 화이트 인테리어로 무장한
애월카페거리의 대형 베이커리 & 커피전문점. 바다 쪽으로
향해있는 커다란 통창들과 3층(노키즈존)루프탑에 자리 잡고
있으면 제주의 바다를 오롯이 만끽할 수 있다. 이곳의 시그니처
음료인 용천수 염 커피의 단짠단짠한 맛과 인절미도르빵의 조합은
꽤나 잘 어울린다.

Ⓓ DATA
Ⓐ 제주시 애월읍 애월북서길 56 Ⓣ 0507-1443-4433
Ⓗ 매일 09:00-22:00(라스트오더 21:20)
Ⓟ 아메리카노 6,000원, 용천수, 염커피 8,500원 Ⓜ Map → 5-C10

5 카페 더핍스시즌

새별오름에서 멀지 않은 곳에 위치한 이곳은 '그리스신화박물관'에서
별도로 운영하는 카페다. 미코노스섬을 모티브로 삼은 인테리어
답게 건물과 내부 인테리어 또한 퓨어 화이트 컨셉으로 청량감을
극대화했다. 특히 이곳은 유료로 운영되는 '셀프 웨딩촬영'카페로도
유명하다. 수백 여벌의 웨딩드레스와 각종 액세서리를 빌려 이곳의
멋진 건물과 아름다운 풍경을 배경으로 셀프 웨딩사진을 찍을 수도
있다.

DATA
Ⓐ 제주시 한림읍 광산로 942 그리스신화박물관 카페동 Ⓣ 0507-1349-2724 Ⓗ
매일 10:00-19:00(비정기휴무) Ⓟ 아메리카노 5,000원 카페라떼 5,500원 셀프웨딩 2
시간 15,000원 부터 Ⓜ Map → 5-C16

7 일월 선셋 비치

외국 휴양지 백사장 비치클럽에 자리 잡고 떨어지는 석양을 바라보며
마시는 말리부 한 잔. 이것이 그리운 사람이라면 일월 선셋 비치의
'말리부 비치바'가 대안이다. 칵테일 가격이 다소 비싼 편이지만
이곳에서 바라보는 일몰 풍경과 충분히 맞바꿀만한 가치가 있다. 몽상
드애월과 팜파네, 모립 등과 경계가 허물어져 하나의 타운을 형성한
느낌. 운전이 문제라면 무알콜 칵테일도 판매하니 분위기 내는 데는 전혀
문제가 되지 않는다.

DATA
Ⓐ 제주시 애월읍 애월북서길 56-1 Ⓣ 0507-1462-1258 Ⓗ 매일 10:30-22:00
Ⓟ 칵테일 10,000원~18,000원 Ⓜ Map → 5-C7

든든하게 배를 채울 음식
메뉴도 않은 원앤온리. 아보카도
샌드위치부터 로제 파스타,
숯살치킨까지
메뉴가 다양하다.

6 원앤온리

황우치해변과 산방산을 모두 끼고 있는 카페. 제주의 자연 맛집이
어디냐고 물으면 자주 거론될 만큼 아름다운 자연경관 안에 자리해
있다. 날씨가 좋다면 무조건 밖에 앉기를 추천한다. 옆으로는 산방산
지붕이 보이고, 앞으로는 황우치해변이 보여 가슴이 뻥 뚫린다. 다양한
음료 메뉴가 있으며, 음료 외에 바나나 크럼블, 산방산 케이크 등 디저트
메뉴뿐만 아니라 술, 식사 메뉴도 판매하니 이곳에서 한 끼 해결해도
좋다.

DATA
Ⓐ 서귀포시 안덕면 산방로 141 Ⓣ 064-794-0117 Ⓗ 매일 09:00-20:00
Ⓟ 아메리카노 7,000원 Ⓜ Map → 5-C15

8 레이지펌프

서쪽 바닷바람을 고스란히 맞아내며 피어난 건물의
녹들도 훌륭한 작품이 될 수 있다. 한때 양어장에 물을 긷던
펌프장으로 사용되던 곳이 베이커리 카페로 재탄생한 곳. 센스
넘치는 인테리어 소품들이 회색빛 건물 뼈대와 만나 아름다운
콜라보를 연출했다. 동시에 이곳은 막힘없는 바다 풍경을
마주하고 있어 많은 사람의 발길을 오랫동안 멈추게 한다.

DATA
Ⓐ 제주시 애월읍 애월북서길 32 Ⓣ 010-2936-8732 Ⓗ 매일 09:00-20:00
Ⓟ 제주말차크리미 6,500원, 아메리카노 5,000원 Ⓜ Map → 5-C6

9 레드브라운

7평 남짓한 작은 공간에 난 창으로 대평앞바다와 산방산, 형제섬,
박수기정을 모두 품었다. 위미에서 이곳 대평의 어촌계건물
2층으로 자리를 옮겨 새로 문을 연 곳. 주인분의 드립커피 솜씨가
특히 일품인데, 날씨와 그날 분위기에 따라 추천해주는 커피의
맛은 맛을 넘어 십수 년을 넘은 세월을 운영한 연륜이 한 잔에
오롯이 담겨진다. 2층으로 올라가면 만날 수 있는 막힘없이
펼쳐진 남쪽 해안의 풍경은 여행의 피로를 풀어주는 회복제!

DATA
Ⓐ 서귀포시 안덕면 난드르로 49-50 Ⓣ 064-764-8882
Ⓗ 10:30-22:00(수요일 휴무) 핸드드립커피 6,000원 아메리카노
4,500원 프랑스홍차 6,000원 Ⓜ Map → 5-C18

10 그리울땐제주

커다란 폴더창 밖으로 남쪽 신흥리의 거친 바다를 고스란히 담아냈다.
해안도로 바로 앞에 위치하고 있어 드라이브를 즐기다, 또는 올레코스를
걷다가 들리게 되는 소리 없이 소문난 오션뷰 카페. 상대적으로 관광객이 적은
남쪽에 위치하고 있어 이곳의 파도 소리는 그 어떤 소음과 섞이지 않고 더
또렷하게 들려온다. 남쪽을 여행하다 한가로운 바다 풍경을 만끽하고 싶을 때
들러보면 좋을 곳이다. 반려견 동반 가능.

DATA
Ⓐ 서귀포시 남원읍 태신해안로 271 Ⓗ 0507-1315-2270 Ⓗ 매일 10:00-19:00 (SNS에서 시간
확인) Ⓘ @miss.jeju Ⓟ 아메리카노 5,000원 아인슈페너 6,500원 Ⓜ Map → 6-C7

Dessert & Bakery
달콤한 휴식, 디저트 및 베이커리

많은 이가 달콤한 휴식을 바라며 바쁜 일상 속 틈을 내 여행을 떠난다.
당신의 여행 속 당도를 높이며 목적을 충족 시켜줄 디저트 카페를 소개한다.
창밖으로 펼쳐지는 평화로운 제주의 풍경은 덤이다.

 ### 1 모모제이

아라동 주택가에 자리한 모모제이는 팬케이크,
샌드위치 등을 판매하는 브런치 카페이다.
화이트 톤의 세련된 인테리어와 먹기 아까울
정도로 예쁘게 플레이팅 된 브런치를 즐길 수
있다. 메뉴 또한 다양하지만 팬케이크를 제외한
브런치 메뉴들은 4시 이전에 마감하니 주의할
것. 주택가에 있다 보니 로컬들도 편하게 와서
브런치를 먹으며 여유로운 일상을 보내는
곳이기도 하다.

DATA
Ⓐ 제주시 인다8길 36-1 9
Ⓣ 070-8621-5999 Ⓗ 매일 10:00-22:00
Ⓟ 팬케이크 12,000원 Ⓜ Map → 3-D2

 ### 2 새빌

새빌오름 옆에 덩그러니 자리한 새빌은 그 덕분에
좋은 전망을 자랑한다. 폐업 후 방치되던 리조트
공간을 베이커리 카페로 탈바꿈한 이곳은 약간
허름해 보이는 외관과 달리 내부는 깔끔하고
세련된 분위기를 풍긴다. 매대를 가득 채운
베이커리로 언제나 빵 냄새가 풍기는 맛있는
공간이기도 하다. 매장에서 직접 굽는 빵들은
당일 제조해서 판매하며, 제주 마늘, 녹차 등을
이용해 지역성을 담고 있다.

DATA
Ⓐ 제주시 애월읍 평화로 1529
Ⓣ 064-794-0073
Ⓗ 매일 09:00-17:00 Ⓜ Map → 5-D4

 ### 3 볼스카페

감귤 창고를 개조해 만든 이곳은 건물 골격이
그대로 드러나 투박해 보이지만 곳곳에 식물들과
창밖에 귤밭이 싱그러움을 채운다. 1층은
볼스카페의 카페 공간, 2층은 버터 투 브레드의
빵 공장으로, 두 공간이 협업해 베이커리 카페를
운영한다. 또한 카페 메뉴뿐만 아니라 그달의
제철 과일을 담은 음료를 병에 담아 판매하기로
유명하다. 창밖으로 펼쳐진 귤밭을 바라보며
달콤한 여유를 즐기기에 좋다.

DATA
Ⓐ 서귀포시 일주서로 626
Ⓣ 070-7779-1981 Ⓗ 매일 10:00-22:00
Ⓜ Map → 6-D5

우무는 옹포리에 있는 지정이 유명하지만, 제주 시내에도 지정이 있다. 공항 근처라 들르기 쉽다.

 4 우무

우무는 제주 해녀가 잡은 우뭇가사리를 이용해 만든 푸딩을 판매한다. 제주에서만 맛볼 수 있을뿐더러 다른 푸딩과 달리 젤라틴과 방부제가 들어가지 않는다. 우뭇가사리를 오래 끓이면 곤약처럼 투명하고 탄력 있게 변하는데, 이를 활용했기 때문. 커스터드, 녹차, 초콜릿 세 가지 맛이 있다.

(DATA)
Ⓐ 제주시 한림읍 한림로 542-1
Ⓣ 010-6705-0064 Ⓗ 매일 09:00-20:00(휴무는 SNS 공지)
Ⓘ @jeju.umu Ⓟ 푸딩 6,800원
Ⓜ Map → 5-D2

 5 오늘도화창

2층 주택을 개조한 공간은 소품 하나하나가 빈티지한 멋을 더한다. 마당의 나무 데크 위에서는 피크닉을 간 듯한 분위기를 연출할 수 있다. 공간뿐만 아니라 메뉴에서도 정성이 보인다. 이곳은 제주의 식자재를 이용한 디저트를 손수 만들어 판매한다. 그중 한라봉 에이드와 당근 케이크가 시그니처 메뉴. 제주에서는 쉽게 만날 수 있는 디저트일 수 있지만 먹어보면 그 맛이 다름을 증명한다.

(DATA)
Ⓐ 제주시 구좌읍 월정5길 56
Ⓣ 010-8863-7919 Ⓗ 10:00-19:00(목요일 휴무)
Ⓟ 한라봉 에이드 7,000원 당근 케이크 7,000원 Ⓜ Map → 4-D1

 6 뷰스트

사계 해안 앞에 자리한 뷰스트는 산방산, 송악산, 형제섬, 사계 바다까지 모두 조망할 수 있는 곳이다. 그 때문에 이를 배경으로 사진 찍기 위해 찾는 이들이 많다. 그러나 이곳은 사실 훌륭한 베이커리를 맛볼 수 있는 곳이기도 하다. 지하 1층에 자리한 베이킹 실에서 직접 구운 다양한 빵들과 디저트, 그리고 시그니처 음료인 스파클링 에이드까지. 눈도 입도 즐거운 곳이다.

(DATA)
Ⓐ 서귀포시 안덕면 형제해안로 30
Ⓣ 010-7759-9272 Ⓗ 매일 10:00-21:00
Ⓟ 옐로우 스파클링 8,000원 Ⓜ Map → 5-D6

Night Life, Bar & Bistro
빛나는 제주의 밤

제주의 밤은 고요하고 어둡다. 시내를 제외하고 상점들 대부분이 일찍
하루를 마감하기 때문. 그렇기에 여행 중 제주의 바와 펍을 마주치면 더더욱 반갑다.
이들은 칠흑 같은 밤하늘 속 별처럼 여행자들의 밤을 빛나게 해줄 것이다.

With Music

1 싱싱잇

고요한 금능마을의 밤을 밝히는 싱싱잇은 50년 된 감귤창고를
개조해 만든 비스트로 펍이다. 태국에서 직접 구해온 소품들로
인테리어를 한 공간은 제주의 특징을 잘 살리면서도 이국적이다.
특히 공간에 맞게 직접 조향한 향과 고심해서 선별한 음악은
공간의 분위기를 확고하게 한다. 음악을 즐기기 위해 찾는 사람들도
많다. 이곳은 여행자들의 베이스캠프를 지향하는 만큼 손님들 간의
대화가 자유로우며 다양한 파티가 기획되고 열린다.

DATA

Ⓐ 제주시 한림읍 한림로 181　Ⓣ 010-9102-9917　Ⓗ 매일 18:00-4:00
Ⓜ Map → 5-B1

With
Music

2 더클리프

중문해수욕장 인근의 바이자 펍이다. 바다를 바로 앞에
두고 있어 전망이 좋은 펍으로 유명세를 떨치고 있지만,
무엇보다 주목해야 할 것은 음악이다. 주말마다 전문 DJ가 기획
콘셉트에 맞게 디제잉을 한다. 흥겨운 음악과 분위기에 마치 파티에
초대된 듯한 기분을 느낄 수 있다. 다양한 칵테일과 맥주 등 메뉴
선택의 폭도 넓다. 모든 칵테일은 논 알코올로도 주문할 수 있다.

DATA
Ⓐ 서귀포시 중문관광로 154-17　Ⓣ 064-738-8866　Ⓗ 월-목 10:00-01:00, 금-일
10:00-02:00　Ⓟ 색달비치 1만 3,000원　Ⓜ Map → 6-B1

PLUS

나탈리와인하우스
마담나탈리소셜클럽 옆 건물에서 같은 주인장
이 운영하는 와인 숍이다. 300종이 넘는 와인이
100평 규모의 공간에 빼곡하게 채워져 있다. 워
낙 와인 종류가 많다 보니 선택하기 어렵다 느
낄 수 있지만, 주인장이 취향과 가격대에 맞춰
친절하게 추천해준다.
Ⓐ 제주시 한림읍 옹포2길 10
Ⓣ 064-796-8636　Ⓗ 13:00-23:00(수요일 휴무)
Ⓜ Map → 5-B6

With
Music

4 마담나탈리소셜클럽

벨기에 트라피스트 수도원 맥주를 메인으로
판매하는 분위기 좋은 다이닝 펍. 일반
바에서는 쉽게 찾아볼 수 없는 다양한
맥주들이 알맞은 가격대로 구성되어 있다. 또한
이곳은 석양이 아름답기로 유명한 애월 바닷가에 자리하고 있으며,
주말에는 음악공연이 열린다. 하늘과 바다가 붉게 물드는 모습을
보며 음악과 함께 여유를 즐기기에 좋다.

DATA
Ⓐ 제주시 한림읍 옹포2길 10　Ⓣ 064-796-6371　Ⓗ 17:00-01:00(수요일 휴무)
Ⓜ Map → 5-B2

With
Music

3 20세기 소년

제주시 근처에 있는 LP 바. 내부로 들어서자마자 널찍한 한쪽
벽면이 LP판들로 가득 차 있는 것을 발견할 수 있다. 6,000여
장이 넘는 LP판들은 주인장이 35년 동안 직접 모아온 것이다.
매일 직접 선곡한 LP판을 틀어놓는 이곳은 시간이 멈춘 듯한
느낌을 준다. 분위기 있는 음악을 안주 삼아 술 한 잔을 곁들일 수
있는 곳이다. 최근에는 칵테일 메뉴도 있다.

DATA
Ⓐ 제주시 동광로1길 2　Ⓣ 064-759-4451　Ⓗ 19:00-02:00(일요일 휴무)
Ⓜ Map → 3-B1

Night Restaurant

5 닻

딱새우회로 유명한 이자카야. 주인장이 직접 개발한 숙성 과정을
거쳐 식탁 위로 올라오는 딱새우회는 쫄깃한 식감과 감칠맛으로
계속해서 손이 가는 메뉴다. 딱새우는 꼬리를 보면 그 신선도를
알 수 있다고 하는데, 이곳의 딱새우는 모두 선명한 주황빛을
띠고 있어 안심하고 먹을 수 있다. 회를 다 먹고 나면 머리를
튀겨 내어주는데, 이 또한 별미! 이외에도 식사 겸 안주가 가능한
메뉴들이 많아 늦은 시간 든든하게 배를 채우기에도 좋은 곳.

DATA
Ⓐ 제주시 애월읍 가문동길 41-2　Ⓣ 070-4147-2154　Ⓗ 18:00-01:00
(주문 마감 00:00, 수요일 휴무)　Ⓟ 제주 딱새우회 3만 5,000원　Ⓜ Map → 5-B3

Night Restaurant

6 세화마구간

과거 마구간이었던 공간을 개조한 펍이다.
말이 여물을 먹던 공간을 좌식 테이블로 활용한 것이 재미있다.
공간을 보며 과거의 모습을 유추하는 재미도 있지만, 무엇보다
이곳이 특별한 이유는 요리다. 제주의 식자재를 가지고 만들어주는
음식은 푸짐하면서도 맛있는데, 가격도 합리적이다. 안주로만
곁들이기에는 양이 많으니 배의 공간을 많이 비워두고 갈 것!

DATA
Ⓐ 제주시 구좌읍 면수길 49　Ⓣ 010-4670-1812　Ⓗ 매일 17:00-24:00
Ⓟ 딱새우 떡볶이 1만 6,000원　Ⓜ Map → 4-B2

Night Restaurant

7 함덕48Chill(함덕487)

한적한 길가에 자리 잡은 노란 대문이 인상적이다. 언제나 친절하고
활기찬 젊은 부부가 운영하는 캐주얼 펍. 전체적인 분위기도
캐주얼하고 무엇보다 메뉴의 가격이 저렴해 근처에서 회나 고기로
1차를 하고 가볍게 2차로 들르기 안성맞춤이다. 음악 소리도
시끄럽지 않고 시그니처 메뉴인 감바스의 맵기도 주문하면 조절
할 수 있어 자녀가 있는 가족들이 방문하기에도 좋다. 특히 이곳의
위스키 하이볼은 로컬들 사이에서도 맛이 좋기로 유명하다.

DATA
Ⓐ 제주시 조천읍 신북로 487　Ⓣ 064-782-0487　Ⓗ 매일 18:00-00:00
Ⓟ 감바스 20,000원, 하이볼 8,000원, 레드락 생맥주 5,000원　Ⓜ Map → 4-B1

Night
Restaurant

With
Music

8 사우스바운더

일주 도로에서 중문 히든클리프 호텔 가는 길로 들어서면
마주하게 되는 수제맥주 펍. 거친 질감으로 중무장한 외관
입구를 들어서면 그루브한 느낌의 인테리어와 중저음의
베이스 음악이 반긴다. 이곳의 시그니처 버블비어는 SNS
사진을 위해 필수로 주문해야 한다. 버블 한가득 채워주는
스모그는 터뜨리면 향기로운 향을 선물한다. 자욱한 연기에
담겨 나오는 스모그버거와 아주 잘 어울리는 조합. 다양한
수제맥주를 맛보고 싶다면 샘플러를 주문하는 것도 하나의
방법.

DATA
Ⓐ 서귀포시 예래로 33 Ⓣ 064-738-7536 Ⓗ 매일 16:30-01:00
Ⓟ 버블비어 9,900원 스모크버거 16,000원 사우스바운더피자 21,000원
Ⓜ Map → 5-B5

9 리볼버

미슐랭 별을 받은 프랑스 레스토랑 경력의 마스터 셰프가
진두지휘하는 비스트로. 사우스바운더와 함께 운영되지만,
전혀 다른 느낌을 풍긴다. 사우스바운더가 와이키키 해변가의
해질녁 서퍼의 느낌이라면 리볼버는 유머 넘치는 젊은 신사
느낌이다. 스페인 요리점으로 알려져 있지만 이곳의 진짜
매력은 여름 와인이라 불리는 자연 스파클링와인 펫낫을
포함한 다양한 와인 리스트. 와인과 함께 하기 좋은 메뉴들도
준비되어 있다. 주방 한편에 걸린 하몽은 직접 절여 숙성
중이어서 이후 손님의 입을 즐겁게 해줄 준비를 하고 있다.

DATA
Ⓐ 서귀포시 예래로 31 Ⓣ 064-738-7537
Ⓗ 매일 13:30-00:00(라스트오더 22:30, SNS에서 확인) Ⓘ @revolver.jeju
Ⓟ 핀초(Pincho, 곁들임 안주) 9,500원~25,000원 와인&펫낫 57,000원(병)~
Ⓜ Map → 5-B4

JEJU Island
Liquor *Special*

제주의 술

제주의 이름을 걸고 나온 술들이 있다. 이곳에서만 맛볼 수 있는
술부터 육지에서도 사랑받는 술까지, 주종도 다양해 선택의 폭이
넓다. 취향 따라 분위기 따라, 이제 선택은 당신의 몫이다.

ALC 12

제주의 달콤함을 담아, 와인

Wine

혼디주

제주 감귤을 착즙해 효모를 넣고 발효 및 숙성시킨
과일주. 감귤의 단맛과 신맛을 살렸다. 혼디는
'함께'라는 뜻을 가진 제주어로, 혼디주는 함께 먹기
좋은 술이란 의미를 담았다. 혼디주에 한라봉을
첨가한 화이트 와인인 '마셔블랑'도 있다.

제조 : 시트러스

ALC 21

제주의 자연이 빚어낸, 소주

Soju

한라산 21

1950년 창립한 제주 향토기업
한라산의 대표 브랜드. 제주산 쌀로
증류 원액을 만들고 화산암반수를
넣어 제조한 소주이다.
제주 로컬들에게 큰 사랑을 받다가
지금은 전국적으로 유통되고 있다.
도수가 부담스러운 사람들을 위해
17도로 낮춘 한라산 17도 생산해
판매하고 있다.

제조 : 한라산

제주 펠롱 에일

반짝이라는 의미를 가진 제주어인 펠롱을
붙인 페일 에일 스타일 맥주.
제주의 곶자왈을 모티브로 삼아 개성 있는
홉을 블렌딩해서 다양한 맛을 느낄 수 있다.

ALC 5.5

생산 : 제주맥주

제주 위트 에일

제주맥주에서 제조한 첫 맥주.
제주의 감귤껍질을 넣어
은은한 감귤 향이 난다.
가볍고 산뜻한 맛의 밀맥주다.

ALC 5.3

생산 : 제주맥주

제주의 수제 맥주

Beer

제주 슬라이스

ALC 4.1

패션프루트를 재료로 사용해 상큼한 맛을 자랑하는 에일.
부드럽고 경쾌한 탄산감이 특징이다. 도수도 다른 맥주에 비해 낮은 편.

생산 : 제주맥주

귀감

귀한 감귤이라는 뜻의 감귤 증류주.
신례명주에 저온에서 발효시키고
1년 이상 숙성시킨 감귤 증류 원액을
섞어 도수를 낮췄다. 때문에 오크 향이
느껴지는 동시에 도수가 낮고 훨씬
부드럽다.

제조: 시트러스

ALC 25

ALC 50

신례명주

제주 신례리에서 나는 감귤을 수확해 만든
술 중 하나. 감귤 발효주를 증류해 숙성시킨
브랜디(과일 발효주)이다. 상큼한 과일 향과
함께 오크통에서 숙성시키기 때문에 은은한
오크 향이 배어 나오며 도수가 매우 높은 편.

제조: 시트러스

ALC 20/40

고소리술

750년의 역사를 가진 제주도의
전통주. 고소리는 제주 방언으로
소주를 내리는 기구란 뜻이며,
고소리술은 오메기술을
고소리로 증류시킨 토속
소주이다. 도수가 매우 높지만
부드러운 맛을 자랑한다.

제조: 제주샘주

제주 본연의 맛을 담아, 전통주
Traditional Liquor

ALC 13/15

오메기술

오메기떡과 누룩을 함께 발효해
마시던 제주 전통주. 이 제품은
전통주에 한라산에서 자생하는
조릿대와 제주암반수를 넣어
부드럽고 가볍게 즐길 수 있다.

제조: 제주샘주

ALC 11

니모메

너의 마음에라는 뜻을 가진 제주어 니모메. 쌀과
제주의 귤피(건조한 감귤 껍질)를 이용해 만든
발효주로 상큼한 감귤의 맛과 향을 느낄 수 있다.

제조: 제주샘주

ALC 6

제주 특산물로 만든, 막걸리
Makgeolli

ALC 6

우리쌀 생유산균 제주막걸리

분홍색 라벨 때문에 일명 핑크 막걸리라 불린다.
제주에서 가장 흔하게 볼 수 있지만 육지에서는
보기 힘들다. 우리 쌀을 이용해 만든 막걸리로
초록색 뚜껑을 가진 제품은 100% 우리 쌀로
만들어진 희귀템이다. 단맛이 거의 느껴지지
않으며 숙취가 없기로 유명하다.

제조: 제주막걸리

우도땅콩생막걸리

우도에서 직접 재배한
땅콩으로 직접 술로
빚은 막걸리이다. 우도
땅콩은 다른 지역보다
크기가 작고 고소하다.
이로 만든 막걸리 또한
고소한 맛이 강하게 난다.

제조: 낙화곡주

LIFESTYLE
& SHOPPING

여행은 열심히 살아가는 스스로를 위해 주는 선물이자, 다시 일상 속에서 열심히 살아가게 하는
원동력이다. 이를 도와줄 숍과 마켓 등을 꼽아보았다. 일상 속 힘이 되어줄 제주에서의 시간을
담아보자.

유람위드북스

기존 좁은 가게에서 넘칠 듯 담겨져 있던 책들이 새로운
공간에서 숨통을 틔우고 사람들과 마주하게 되었다. 새로운
공간이지만 기존 공간과 이곳을 지키는 사람들에게 느꼈던
따뜻한 온도는 그대로 가져왔다. 바깥 풍경을 마음껏 즐길 수
있는 넉넉한 크기의 창을 곁에 두고 앉아 책을 읽어도 좋고,
신발을 벗고 2층으로 올라서면 만날 수 있는 개인 서재처럼
아늑한 공간에서 소파에 몸을 파묻고 지내도 좋은 곳. 기존
운영되던 심야책방은 금, 토, 일요일을 늘려 그대로 운영한다.

Ⓐ 제주시 한경면 조수동2길 54-36 Ⓣ 070-4227-6640
Ⓗ 월-목 11:00-19:00 금-일 11:00-22:00(심야책방) Ⓜ Map → 5-S1

책다방

월정리 해변 뒤에 자리한 소담한 돌집. 시간이
과거에서 멈춘 듯한 이곳은 책과 커피를 함께 즐길
수 있는 책다방이다. 동네 할머니들이 쓰시던 물품으로 꾸려진
내부는 정겹고 고즈넉하다. 할머니 집에 놀러 온 듯한 느낌을
주어서일까, 저절로 몸에 힘이 풀리며 휴식을 취하게 된다. 일정한
이용료만 지급하면 시간제 없이 이곳의 책들을 맘껏 읽을 수
있으며, 음료 한 잔도 제공한다.

Ⓐ 제주시 구좌읍 월정1길 70-1
Ⓣ 010-5593-7968 Ⓗ 11:00-19:00(월요일 휴무)
Ⓣ 책다방 티켓 7,000원 Ⓜ Map → 4-S3

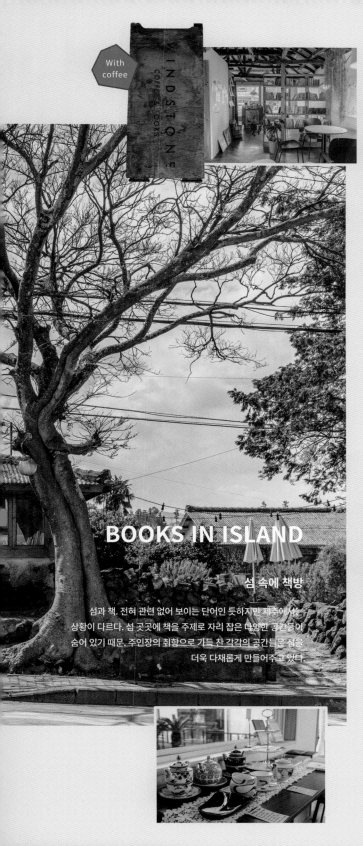

윈드스톤

조용한 동네의 작은 초등학교. 그 옆에 자리한 아담한 북카페.
약 80년 정도 된 제주 돌집을 개조해 만든 곳으로, 돌담을 지나
들어가면 아름다운 정원이 나온다. 부부가
운영하는 이 북카페에서 아내는 책을,
남편은 커피를 담당한다. 공간 한편에는
주인장이 고심해 직접 큐레이션한 책들이
있다. 아침 일찍부터 주민들의 담소
소리가 흐르는 곳이자 혼자만의 시간을
보내기에도 좋은 곳이다.

Ⓐ 제주시 애월읍 광성로 272
Ⓣ 070-8832-2727 Ⓗ 9:00-17:00(일요일 휴무) Ⓟ 아몬드라떼 5,500원
Ⓜ Map → 5-S5

BOOKS IN ISLAND

섬 속에 책방

섬과 책. 전혀 관련 없어 보이는 단어인 듯하지만 제주에서는
상황이 다르다. 섬 곳곳에 책을 주제로 자리 잡은 다양한 공간들이
숨어 있기 때문. 주인장의 취향으로 가득 찬 각각의 공간들은 섬을
더욱 다채롭게 만들어주고 있다.

카페책자국

종달리 지미봉 아래에 자리한 북카페. 낮에는 푸릇푸릇한
정원이, 저녁에는 따뜻한 조명이 반겨주는 공간이다. 책장에는
주인 내외가 모은 책들로 빼곡하다. 편안하게 원하는 책을 골라
읽을 수 있다. 공간 한편에는 손님들이 릴레이로 필사를 할 수
있는 자리가 마련되어 있다. 어느 누가 찾아와 어떤 책과 함께
시간을 보내다 돌아갔는지 구경하는 재미도 있다.

Ⓐ 제주시 구좌읍 종달로1길 117
Ⓣ 010-3701-1989 Ⓗ 10:30-18:00(화요일 휴무) Ⓜ Map → 4-S12

북타임

제주시에서 책방을 운영하다 고향인 서귀포
위미로 내려와 추억이 깃든 고향집을 북카페로
개조했다. 제주에서 책방을 운영할 때 사용했던 원형 책장을 눕혀놓아
또 다른 느낌으로 재탄생 시켰다. 벽 한쪽에 붙은 사진들로 당시
이곳이 어떤 모습을 하고 있었는지 간접적으로 볼 수가 있다. 두
채 이상의 집으로 구분된 제주 전통가옥의 특성을 잘 살려 각각
아이들을 주제로 한 공간, 제주 전문 공간 등 누구나 구분하기 쉽도록
배치해 놓았다. 작은 규모의 작품 전시도 하고 있어 꼭 책을 구매하지
않더라도 잠시 동안 공간의 미학을 구경하고 갈 만한 곳.

소심한 책방

제주 독립책방 하면 가장 먼저 이름이 오르는 책방.
제주에서의 책방 열풍을 시작한 곳이자 수많은 책방이 생긴
이후에도 건재하며 사랑을 받고 있는 곳이다. 작은 규모의
책방은 동화책부터 독립서적, 유명 작가의 수필집까지
다양한 큐레이션을 선보인다. 이제 너무 유명해져 하루에도
수많은 이가 발걸음하는 곳이지만, 조용하게 책의 세계에
빠져들 수 있는 분위기만은 여전하다.

Ⓐ 서귀포시 남원읍 위미중앙로 160
Ⓣ 064-763-5511
Ⓗ 10:00-19:00(월요일 휴무)
Ⓜ Map → 6-S2

Ⓐ 제주시 구좌읍 종달동길 36-10
Ⓣ 070-8147-0848
Ⓗ 매일 10:00-18:00
Ⓜ Map → 4-S14

만춘서점

야자수와 나란히 서 있는 단층짜리 낮고 작은
하얀 건물. 이곳에 자리한 만춘서점은 책방과 레코드를
함께 판매하는 공간이다. 책장 여기저기에는 책을 소개하는
쪽지들이 붙어 있는데, 3년 전 개점할 당시 붙였던 쪽지까지
안 떼고 남겨뒀다고. 약간의 세월감마저 느껴지는 필기들을
살펴보는 재미가 있다. 레코드도 함께 취급하는 곳답게
2020년 초에는 만춘서점 3주년을 기념하며 서점의
이름으로 뮤지션들과 함께 음반도 발매했다.

Ⓐ 제주시 조천읍 함덕로 9
Ⓣ 064-784-6137
Ⓗ 매일 11:00-18:00
Ⓜ Map → 4-S2

제주풀무질

밭 사잇길을 따라 들어가다 보면 아담한 돌집이 반긴다.
1993년부터 대학로에서 인문 서점 풀무질을 운영하던 은종복
대표가 제주로 이주하면서 차린 책방이다. 원래 자리에서
새롭게 터전을 잡은 공간이지만 공간의 아늑함, 주인장의
따뜻함은 여전하다. 조용한 마을 깊숙이 들어가 있어
오랫동안 조용히 흘러가듯 머물다 가기 좋으며, 한쪽에 책을
읽을 수 있는 의자도 마련되어 있으니 풀무질에서 책과 함께
잠시 쉬었다 가자.

Ⓐ 제주시 구좌읍 세화합전
　 2길 10-2
Ⓣ 064-782-6917
Ⓗ 11:00-18:00(수요일 휴무)
Ⓜ Map → 4-S11

1 선셋봉고

Ⓐ 제주시 구좌읍 대수길 28　Ⓣ 010-2759-2026
Ⓗ 11:00-18:00(월, 화요일 휴무)　Ⓜ Map → 4-S6

VINTAGE SHOP

세월의 가치, 빈티지 숍

느림과 세월의 가치를 아는 제주의 사람들이 꾸린 빈티지 숍을 소개한다.
세계 각지에서 빈티지 제품들을 들여와 자신만의 취향대로 꾸몄음에도
이곳은 공통적으로 여유로운 분위기가 흐른다. 오랜 시간 수많은
사람을 거쳐 이곳에 정착한 빈티지 제품들은 또 어떤 여행객의 손을 잡고
어디론가 떠나게 된다.

2 서쪽가게

Ⓐ 제주시 한림읍 한림로 336　Ⓣ 064-796-8178　Ⓗ 매일 11:00-21:00
Ⓜ Map → 5-S3

1. 인도의 나그참파 향과 LP 음악이 함께 흐르는 곳. 빠른 소비문화에 대한 의문이
들어 공간을 꾸밀 때에도 버려진 원목과 재료를 활용했다는 부부는 자연스럽게
과거의 것에 가치를 되찾아주는 빈티지 숍을 열었다. 공간에는 유럽 각지에서
모아온 빈티지 소품과 의류가 진열되어 있는데, 전체적으로 아늑하고 따뜻한
분위기가 물씬 풍긴다. 이는 무언가의 쓸모를 끊임없이 고민하는 이들의 마음이
스며들어 있기 때문인 듯하다.

2. 유명 방송 프로그램에서 이효리가 방문하면서 유명해진 소품 가게. 당시에는
작은 컨테이너에 있었지만, 지금은 더욱 큰 규모의 공간으로 자리를 옮겼다.
규모에 걸맞게 의류, 소품, 액세서리, 그릇, 액자까지 없는 제품이 없을 정도로
다양한 빈티지 제품군을 자랑한다. 인도, 태국, 미국 등 출신도 다양하다. 빈티지
제품 특성상 세상에 단 하나밖에 없기 때문에, 특별한 선물을 사기에도 좋고,
예쁘게 진열된 제품들을 구경하는 재미도 쏠쏠하다.

Sunset Bongo 선셋봉고

3 · 3R & 소랑

Ⓐ 서귀포시 삼덕로21번길6　Ⓣ 010-2422-0818
Ⓗ 11:00-18:00(휴무 SNS 공지)　Ⓘ @3r_artisan　Ⓜ Map → 3-S4

3. 가죽공예 장인의 가족이 운영하는 작지만 엄청난 양의 빈티지 숍.
일 때문에 해외를 오가며 모으기 시작한 빈티지 소품들과 함께 오랫동안 만들어온
가죽공예 제품을 판매하는데 그 안목과 실력이 예사롭지 않다. 제품 하나의 수량이
많은 곳이 아니라 종류 자체가 워낙 많기 때문에 하나하나 들여다보면 시간이 훌쩍
지나간다. 또한 건너편 오래된 돌담집을 개조한 공간 '소랑'에서는 유명한 예술
장인들의 전시 & 체험이 계속 열린다고 하니, 여러모로 즐길 것이 많은 곳.

4. 과거 런던의 다락방에 놀러 간 듯한 빈티지 소품 숍. 컨테이너로 되어 있는 작은
공간에는 빈티지 소품들이 오밀조밀 빼곡하게 자리하고 있다. 가방부터 액세서리,
티 코스터, 촛대, 인테리어 소품까지 종류도 다양하다. 유럽을 돌아다니며 직접
수급해온다는 소품들은 세월의 멋이 듬뿍 묻어 있다. 그뿐만 아니라 영국산 커피와
밀크티도 함께 맛볼 수 있는 곳이다.

런던다락

Ⓐ 제주시 한림읍 한림로 335　Ⓣ 010-7927-9587　Ⓗ 매일 11:00-21:00
Ⓜ Map → 5-S2

손수 그린 귀여운 입간판이 맞이해주는 여름문구사는 아기자기한 제주의 소품을 판매하는 숍이다. 제주의 작가들이 직접 만든 소품들이 옹기종기 진열되어 있다. 주인장의 정성스러운 손글씨와 그림으로 적어둔 소개 글을 읽으며 소품 하나하나를 구경하다 보면 시간이 훌쩍 흐른다. 동네 아이들의 방앗간이기도 한 이곳은 따스한 정이 흐르는 제주 동네의 편집숍이다.

1 여름문구사

Ⓐ 제주시 구좌읍 구좌로 77
Ⓣ 010-2600-9447 Ⓗ 11:00-18:00(수, 일 휴무) Ⓜ Map → 4-S10

여행하며 좋아서 하나씩 모으기 시작한 것들을 '추억'이란 이름의 꼬리표를 정성스레 달아 하나둘 풀어놓았다. 커피를 싫어해 즐겨 마셨던 차들은 '여행가게'라는 이름의 북카페 공간 한편을 가득 채웠고, 손으로 꼭꼭 눌러쓰는 '맛'을 좋아해 사 모은 연필들은 더 한적한 곳을 찾아 새롭게 둥지를 튼 태흥리에서 '연필가게'라는 이름으로 조용히 걸터앉았다. 2017년 종달리 3테이블 짜리 가게에서 시작한 이곳은 판매가 아닌 여행에서 얻어온 추억과 경험들을 공유하는 곳이라는 말이 잘 어울리는 곳이다.

2 여행가게 & 연필가게

Ⓐ 서귀포시 남원읍 태위로 929
Ⓣ 0507-1316-4929 Ⓗ 11:00-18:00(일, 월요일 휴무) Ⓜ Map → 6-S4

글쓰기 작업실이자 쓰기와 관련된 문구류를 판매하는 필기는 여행의 시간을 정리하기 좋은 공간이다. 타자기와 공간을 대여해주며, 글쓰기 작업에 도움이 되는 용품들과 책들이 함께 있는 곳. 사람들은 이곳에서 여행기를 정리하기도, 소중한 이에게 편지를 쓰기도 한다. 주인장이 이곳저곳에서 모은 문구류를 기념품으로 구매하기도 좋고, 특별한 기록을 직접 적어 선물하기도 좋다.

Pilgi 필기

3 필기

Ⓐ 제주시 구좌읍 종달로7길 8-1
Ⓣ 010-9340-1342　Ⓗ 13:30-17:00(화, 수요일 휴무)　Ⓜ Map → 4-S13

JEJU SELECT & SOUVENIR SHOP

제주를 기념하기 위해, 편집숍 & 기념품 숍

어딜 가나 다양한 소품 숍 및 기념품 숍을 만날 수 있는 제주! 큐레이션이 개성 있는 셀렉 숍부터 직접 기록을 남겨 보는 숍까지, 섬의 다양한 모습을 담은 소품들은 제주에서의 나날을 기억하는 좋은 매개체가 되어줄 것이다.

엽서, 액세서리, 캔들 등 제주를 기념할 수 있는 소품들이 가득한 곳. 하나하나 안 예쁜 것이 없어 지갑이 쉽게 열리는 곳이기도 하다. 이곳이 특별한 이유는 다른 소품 숍에 비해 규모가 클 뿐만 아니라 다양한 제품군을 자랑하기 때문. 여기저기 둘러볼 시간이 없다면 바로 올레파머스로 직행하길 추천한다.

4 올레파머스

Ⓐ 제주시 구좌읍 월정1길 70-4　Ⓣ 064-738-7994
Ⓗ 매일 11:00-18:00　Ⓜ Map → 4-S4

1 제주시 민속 오일장

제주에서 가장 규모가 큰 오일장. 장날이면
주변 도로에 교통 체증이 생길 정도로
사람들이 많이 찾는 곳이다. 해산물과 채소,
나물은 물론 옷, 원단, 약재 등 상설 시장에서
판매하는 대부분의 제품을 판매한다. 제주도 화원들이
한데 모이는 화훼 장터가 특히 유명하며 만 65세 이상
어르신들이 직접 채취하거나 생산한 농산물을 판매하는
'할망 장터'가 눈길을 끈다.

Ⓐ 제주시 오일장서길 26
Ⓗ 2와 7로 끝나는 날, 8:00-18:00 Ⓜ Map → 3-S1

2 동문재래시장

제주도에서 가장 오래된 전통 시장이며 규모도 가장 크다.
과일, 채소, 생선, 정육, 떡, 식료품, 의류, 원단 등 시장에서
팔 수 있는 모든 것을 판매하는 곳이다. 로컬뿐 아니라
관광객들에게도 인기가 많은 시장으로 귤, 갈치, 오메기떡,
기념품 등 제주 특산물을 발품 팔지 않고 한곳에서 살 수
있다. 시장 내에 순대국밥, 분식 등 맛집도 많으며, 저녁에는
야시장도 열린다. 동절기에는 6시부터, 하절기에는 7시부터 개장.

Ⓐ 제주시 관덕로14길 20 Ⓣ 064-752-3001
Ⓗ 매일 8:00-21:00 Ⓜ Map → 3-S2

LOCAL MARKET

제주 시장에 가면

여행지에서 로컬의 모습을 마주하고 싶다면 시장에 가라는 말이 있다.
이 때문인지 제주의 시장들은 항상 여행객들로 북적거린다. 그렇기에
언제나 로컬의 일상과 여행의 설렘이 공존하는 곳이다. 매일 손님을
맞이하는 시장부터 오 일에 한 번을 약속하는 시장까지, 제주 전역에서
열리는 다양한 로컬 시장을 소개한다.

글 정다운 **사진** 박두산

4 세화민속오일시장

제주에서 열리는 오일장 중에 가장
바다와 가까운 곳에 있다. 바다
빛깔이 아름다운 세화해변과 바로
붙어 있어 장에서 간식거리를
사서 곧장 바다를 산책할 수
있다. 규모가 큰 편은 아니지만
필요한 것들을 알차게 갖추고 있다.
제주 동쪽을 여행하다 일정이 맞으면 꼭
들르기를 추천한다.

Ⓐ 제주시 구좌읍 세화리 1500-44
Ⓗ 5와 0으로 끝나는 날 Ⓜ Map → 4-S9

3 서귀포매일올레시장

서귀포에서 가장 큰 시장으로 제주 올레 6코스를 걷다 보면 지나치게 된다.
시장 내에 '제주올레 안내센터'가 있어, 올레길 정보를 얻고 간단한 기념품
등도 구매할 수 있다. 감귤, 흑돼지 등 제주 특산물을 활용한 간식거리를
판매하는 등 여행객들의 입맛을 사로잡을 수 있는 상점이 알차게 운영
중이다. 신선한 포장 회를 구하기도 좋으며, 시장 내 횟집에서 판매하는
꽁치김밥도 유명하다.

Ⓐ 서귀포시 중앙로62번길 18 Ⓣ 064-762-1949
Ⓗ 매일 7:00-21:00 Ⓜ Map → 6-S3

5 서귀포향토오일시장

4와 9로 끝나는 날 열리는 오일장. 이곳에 가면 '장터'라는
단어가 바로 이런 장소와 광경을 말하는 것이구나 실감하게
된다. 넓게 펼쳐진 장터는 생동감이 넘친다. 제철 채소 및
과일을 사기에 이만한 곳이 없어 주민들도 장날이면 늘 이곳을
방문한다. 관광객보다 로컬들이 많이 찾는 곳이다.

Ⓐ 서귀포시 중산간동로7894번길 18-5
Ⓣ 064-763-0965 Ⓗ 4와 9로 끝나는 날 Ⓜ Map → 6-S1

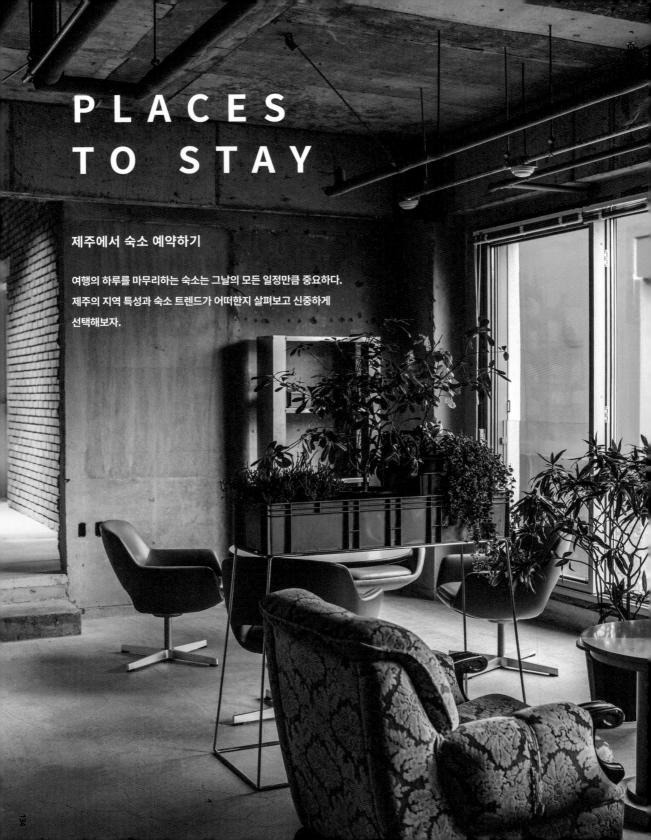

PLACES
TO STAY

제주에서 숙소 예약하기

여행의 하루를 마무리하는 숙소는 그날의 모든 일정만큼 중요하다.
제주의 지역 특성과 숙소 트렌드가 어떠한지 살펴보고 신중하게
선택해보자.

제주 숙소 지역 선택하기

제주에서 숙소를 선택할 때 가장 고려해야 할 점은 여행 당일의
일정이다. 워낙 섬이 넓다 보니, 일정에 맞춰 숙소를 정하지 않으면
이동에 너무 오랜 시간을 소비하게 된다. 그러나 지역별 차이도
존재한다. 자신의 일정과 더불어 지역별로 어떤 유형의 숙소가 주를
이루는지 참고해서 선택하도록 하자.

소소오늘

1. 제주시 연동
연동은 제주시 도심 중앙에 자리한 곳으로,
비즈니스호텔이 밀집해 있다. 합리적인 가격에
다양한 컨디션의 호텔들을 이용할 수 있다.
또한 제주 공항과 가깝다 보니 밤 비행기를
타고 제주에 도착한 사람이나 아침 일찍
떠나야 하는 사람들이 하룻밤 묵기에 좋다.

2. 제주시 탑동
해변 공원 옆으로 큰 규모의 호텔들이
자리한 지역. 연동의 호텔들이 빼곡하게
몰려 있는 것에 비해 이 지역의 경우 공간
사이에 여유가 있다. 보통 제주시 도심
중심으로 여행 일정을 짠 사람 중 좋은
컨디션의 숙박업체를 원하는 이들이 이
지역에 묵는다.

3. 동부 해안가
아름다운 제주의 해변이 이어지는 동부
지역은 본래 여행자들이 몰리는 곳으로
게스트하우스가 많았다. 특히 아침 일찍
일어나 일출을 보려는 여행자들이 동쪽에서
숙소를 찾으며, 게스트하우스에서 만난
이들끼리 함께 일정을 같이하는 경우도
많다. 또한 성산일출봉 근처에는 뛰어난
전망을 배경으로 풀빌라 형식의 호텔들이
많이 들어서고 있다.

4. 서부 애월 & 한림
관광지로 유명한 곳이다 보니, 해안가를
따라 리조트들이 많이 들어서 있다. 이들은
대부분 가족 단위의 여행객들을 대상으로
한다. 최근에는 동부 지역과 마찬가지로
바다를 볼 수 있는 자리에 인테리어가 예쁜
독채 펜션들이 들어서고 있다.

5. 서귀포시 중심
제주 시내와 마찬가지로 가성비 좋은
호텔들이 많이 들어서 있다. 보통 이중섭
거리 위쪽에 밀집해 있으며, 시내와 가까워
교통과 주변 시설이 편리하다.

소소오늘

한 달 살기는 어디에서?

목적에 따라
한 달 살기의 목적에 따라 숙소의
위치도 결정된다. 오름과 해변을 매일
거닐고 싶다면 동쪽을, 해안도로를 매일
드라이브하고 싶다면 서쪽을 추천한다.
제주에서도 문화생활을 포기할 수 없다면
제주시로 가야 한다. 서귀포 지역의 경우
관광단지가 조성되어 있어 편리하며,
한라산이 바람을 막아줘 온화한 기온을
자랑한다.

뚜벅이라면?
한 지역 안에서만 여행할 것이 아니라면
무조건 교통편이 편리한 곳에 숙소를 잡을
것. 제주도는 버스 배차 간격이 길고 노선도
다양하지 않다. 그렇기에 숙소 위치를 잘못
잡으면 이동 시간에만 대부분의 시간을
쓰게 될 것이다. 서귀포시, 제주시 중심
그리고 해안도로의 마을이 교통이 좋으며
중산간 지역은 피하는 것이 좋다.

아이와 함께한다면?
주변에 병원과 대형마트가 있는 지역으로
선정할 것. 제주 시골 마을에는 생각보다
작은 병원과 약국조차 없는 경우가 많다.
환경에 민감한 어린이들의 경우 주변에
상점과 병원이 없을 시 문제가 생길 수 있다.
제주시와 서귀포 중심과 읍내로 칭해지는
지역에 숙소를 마련해야 한다.

올레길 여행자가 많았던 2010년대 초반, 제주에서는 게스트하우스가 붐을 일었다. 이후 빌라형, 펜션형 업체들이 합리적인 가격과 개인 공간 보장을 앞세우며 제주에 들어섰다. 경쟁이 심해지자 제주의 숙소는 두 가지 방향으로 발전하기 시작했다. 개인 공간을 최대한 보장해주는 방향으로, 또 숙소에서 묵는 시간이 하나의 여행이 될 수 있는 방향으로. 최근 제주에서 독채 펜션과 복합문화공간이 숙소 트렌드로 자리 잡고 있는 것도 이런 배경에서 나온 결과이다.

1. 독채 펜션

한 건물을 오로지 나만의 공간으로 사용할 수 있는 펜션이다. 가족 단위로 많이 찾지만, 독립된 공간을 원하는 연인들도 좋아하는 숙소 유형. 감성적인 인테리어와 소품으로 일명 '감성 숙소'라 불리며 사랑받고 있다.

2 수필하우스

130년 넘은 고택의 원형을 보존하면서도 찾아오는 이가 마음의 안정과 휴식을 누릴 수 있도록 고민했다. 현무암 암반으로 조성된 정원에는 오래된 나무가 그늘을 내어주고, 각각의 공간들은 다른 테마로 이뤄져 있지만 따뜻한 톤을 유지한다.

Ⓐ 제주시 구좌읍 종달논길 50-1
Ⓣ 010-3954-8550
Ⓤ www.soofeelhouse.com
Ⓜ Map → 4-H1

Ⓐ 제주시 한경면 두모1길 10-20
Ⓣ 010-7537-0227
Ⓤ soso-oneul.com
Ⓜ Map → 5-H1

1 소소오늘

바쁜 일상을 살던 부부가 모든 것을 내려두고 제주에 와서 차린 공간. 이곳에서 부부가 사랑하는 사람들과의 시간과 여유, 행복을 찾았듯 이곳을 찾은 이들 또한 일상에서 누리지 못했던 시간을 보내길 바라는 마음을 담았다. 제주 돌담을 살린 동시에 화이트 톤으로 꾸며진 인테리어는 굳이 밖으로 나가지 않아도 '소소'하게 행복한 '오늘'을 전달해준다.

2. 복합문화공간

최근 제주에는 다양한 문화 공간 및 프로그램과 더불어 숙박도 겸하고 있는 공간들이 생기고 있다.
숙박시설 외에도 펍, 카페, 소품 숍 등 다양한 상점이 있으며, 다양한 체험 프로그램도 진행한다.
이곳에서 하룻밤 묵는 것만으로도 훌륭한 여행을 경험할 수 있다.

3 플레이스 캠프 제주

호텔 공간을 중심으로 야간 오름 트레킹, 해안 산책,
스노클링, 도자기 만들기 등 다양한 프로그램이
이뤄지고, 맛있는 음식과 커피, 소품 숍이 함께하는
공간이다. 이곳은 조용하고 정적인 호텔의 이미지를 깨고
여행지의 설렘과 분위기를 한껏 살렸다. 매주 토요일마다
프리마켓 골목시장이 열리고, 재미있는 행사들로
언제나 북적인다. 제주 서쪽 끝, 성산읍에 자리하고
있어 성산일출봉이 보이는 아름다운 뷰는 자연스럽게
따라온다.

Ⓐ 서귀포시 성산읍 동류암로 20
Ⓣ 064-766-3000　Ⓤ www.playcegroup.com
Ⓜ Map → 4-H2

Ⓐ 제주시 탑동로2길 3
Ⓣ 064-753-9904　Ⓤ d-jeju.arario.com
Ⓜ Map → 3-H1

4 디앤디파트먼트 제주 바이 아라리오

롱 라이프 디자인을 발굴하고 소개하는 디앤디파트먼트
브랜드가 아라리오 기업과 손을 잡고 제주에 문을
열었다. 디앤디파트먼트 최초로 숙박을 겸하는 곳으로,
제주의 지역성을 살린 소품, 가구, 먹거리 등을 판매하며
제주의 문화를 느낄 수 있는 공간이다. 숙박 시설은 총
두 가지 유형으로 이곳에서 체류하며 창작품을 만들어
팝업스토어를 여는 창작자의 공간 d-news, 중고 가구와
현대 미술품 등으로 꾸며진 게스트룸 d-room이 있다.
d-room은 멤버십 회원만 이용할 수 있다.

Traveler's Note

66 아름답고 신비한 섬, 제주
9가지 숫자를 통해 제주만의 이야기를 소개한다. 99

1 hours

날씨와 시간대에 따라 조금씩 다르긴 하지만 김포공항에서 1시간이면 제주도에 도착한다. 항공 상황에 따라 빠르면 오전 6시 정도부터 거의 10분 간격으로 항공편이 있다.

1,847km²

제주도의 면적은 1,847㎢. 이는 서울의 3배, 여의도의 10배에 달하는 면적이다. 섬의 면적을 고려했을 때 2박 3일, 3박 4일의 짧은 일정으로는, 한 번에 섬 전체를 여행하긴 어렵다. 지역을 나눠 일정을 짜길 추천한다.

2 Cities

제주도에는 제주시와 서귀포시 두 도시가 존재한다. 이를 나누는 기준점은 한라산! 섬 중앙에 자리한 한라산의 북부 쪽이 제주시, 남부 쪽이 서귀포시이다. 이 두 도시는 높은 한라산이 가로막고 있기 때문에 같은 날이라도 날씨가 다를 때가 많다.

1,947m

한라산의 높이는 무려 1,947,269m로, 남한에서 가장 높은 산이다. 해발고도에 따라 다른 기후를 가지고 있어, 나고 자라는 식물의 종도 다양하다. 식물뿐만 아니라 수많은 야생동물의 생활 터전이기도 하다.

360 Oreums

제주도는 화산이 폭발하면서 형성된 섬으로, 그 분화구들이 섬 전역에 생겨 오름이 되었다. 그 숫자만 360개가 넘는다고 하는데, 지역마다 '봉', '오름' 등 다른 이름으로 불린다.

3 Crowns

제주는 세계 자연 유산으로 가치를 인정받아 2002년 생물권보전지역 지정, 2007년 세계자연유산 등재, 2010년 세계지질공원 인증을 받으며 UNESCO 3관왕, 즉 트리플 크라운을 달성했다.

18,000 Gods

제주에서 믿는 토속 신만 무려 1만 8,000신. 탐라개국신화 속 나오는 3신인부터 제주도 탄생한 이야기 속 설문대할망까지. 수많은 신을 믿는 제주에서는 이에 따라 토속 신앙이 발달해 있다.

79 Islands

제주에는 79개의 부속 섬이 있다. 제주도라는 큰 섬을 중심으로 79개의 섬이 둘러싸고 있는데, 그중에 사람이 사는 유인도는 단 8곳. 우리가 잘 아는 우도부터 가파도, 비양도, 추자도 등이 있으며, 각각 섬마다 다른 매력을 지니고 있다.

4·3

4·3은 제주 사람들이 잊지 못하는 숫자이다. 4·3 사건으로 인해 많은 제주 사람들이 삶의 터전과 가족을 잃었다. 이 사건에 대한 이야기가 섬 곳곳에 스며들어 있으며, 다양한 모양의 유적으로 남아 있다.

Check List

" 즐겁고 편리한 제주 여행을 위해 알아야 할 사항들을 살펴보자.
소소하지만 여행에 확실히 도움을 줄 9가지 리스트! "

Umbrella

지역별로 날씨 차가 큰 제주는 언제 어디서 비가 올지 모른다. 여행 도중 거센 바람과 함께 쏟아지는 비를 만나기 쉬우며, 주변에 상업시설이 발달하지 않은 경우가 많아 꼭 작은 우산이나 우비를 챙겨 다니는 것이 좋다.

SNS

대부분의 제주 카페, 음식점들은 평일에 휴무일을 지정해둔다. 심할 경우 일주일에 2~3일만 운영하는 경우도 있다. 정식 휴무일 외에도 비정기적으로 가게 문을 닫는 경우가 잦으니 방문하기 전 꼭 SNS 계정을 통해 문을 열었는지 확인해야 한다.

Be careful!

제주도에는 초보 운전자가 많다. 렌터카를 타고 여행하기 위해 장롱 운전자들이 무리해서 운전하는 경우가 많기 때문. 교통 사고율이 높은 것도 그 이유다. 그렇기에 제주에서는 더더욱 조심히 운전해야 한다.

Luggage

제주 항공권은 특가로 판매되는 경우가 많은데, 그럴 경우 기내수화물만 가능한 항공권일 가능성이 높다. 꼼꼼히 체크해 수화물을 위탁해야 한다면 미리 추가 요금을 지불해야 한다.

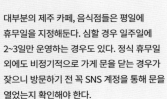

Wild Animal

제주 곳곳에서 야생동물을 만날 수 있다. 특히 제주시와 서귀포시를 오갈 때 한라산을 넘어 이동하는데, 도로에 노루나 고라니가 튀어나올 수 있으니 조심해야 한다. 차의 불빛을 보고 나오는 경우가 많으니 야간 이동을 피하는 게 좋다.

Discount

테마파크 혹은 관광지의 입장료 등을 인터넷 사이트를 통해 할인해서 판매하는 경우가 많다. 몇 천 원 차이라고 생각할 수 있지만 쌓이면 꽤 큰 돈이 된다. 미리 알아봐 조금이라도 여행 경비를 줄여보자.

Fog

한라산 근처에만 가도 안개가 자욱해질 때가 종종 있다. 특히 날씨가 궂은 날이면 한 치 앞도 안 보일 정도. 이럴 때는 가로등도 의미 없고, 자동차의 전조등 별 소용이 없다. 초보 운전자라면 비 오는 날 중간산 지역의 여행을 무조건 피하길 추천한다.

Closed

몇몇 시내를 제외하고 제주의 상점들은 문을 일찍 닫는다. 저녁 6시에서 7시 사이가 되면 거리가 조용해지고 상점의 불빛이 꺼진다. 이를 고려하여 일정을 짜야 하며, 혼자 여행할 경우 늦은 시간까지 돌아다니는 것을 피하길 추천한다.

Language

제주도에서는 제주 방언을 쓰는데, 표준어와 차이가 매우 커 뜻조차 가늠할 수 없는 경우가 많다. 그러나 관광지에서는 쓰는 경우를 보기 어려우며 대부분의 제주 사람들은 표준어를 구사할 수 있으니 당황하지 말고 되물을 것.

Season Calendar

> 한국에서 가장 따뜻한 제주. 바람도 많이 불고, 비도 자주 오지만
> 시기만 잘 맞추면 여행에 최적화된 날씨를 만끽할 수 있다.

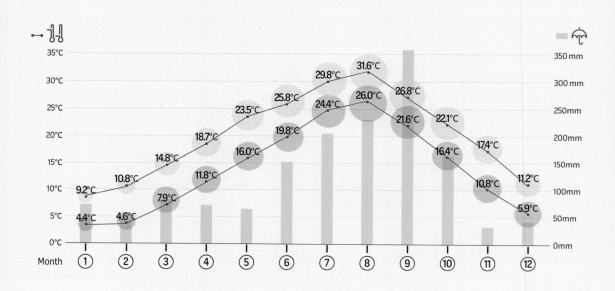

12~2

12~2월 겨울

제주는 한국에서 가장 남쪽에 자리한 섬으로, 따뜻한 해류가 흐르기 때문에 다른 지역에 비해 기온이 높고, 연교차가 적은 편이다. 그렇기에 매섭기로 유명한 한국의 겨울 날씨도 제주에서는 예외이다. 가장 추운 1월에도 평균기온은 영상이다. 다만, 바람이 워낙 거세고 매서운 지역이라 체감 온도는 실제 기온보다 훨씬 낮게 느껴질 수 있다.

3~5

3~5월 봄

봄이 오면, 온화한 날씨가 지속된다. 기온도 10℃ 후반에서 20℃ 초반을 왔다 갔다 한다. 그러나 아침저녁으로는 바람이 차 두툼한 외투를 꼭 챙겨야 한다. 4월에는 장마가 쏟아지는데, 이를 고사리 날 때쯤 오는 비라는 뜻으로 '고사리 장마'라고 부른다. 제주 사람들은 이 장마가 와야 진짜 봄이 왔다고 생각한다.

6~9

6~9월 여름

기온이 20℃대 후반으로 올라가며, 강수량이 2~3배 이상으로 증가하여, 비가 많이 와서 습한 편이다. 제주는 한국에서 울릉도 다음으로 비가 많이 오는 지역인데, 특히 남쪽 서귀포 지역에 더 많이 내린다. 폭우나 태풍이 올 수 있으니 미리 예보를 확인해 그 시기에는 웬만하면 여행을 피하는 것이 좋다.

10~11

10~11월 가을

가을은 온난한 날씨가 지속된다. 10월부터는 여름내 쏟아졌던 비도 주춤하며 평균 기온 또한 10℃대로 떨어져 여행하기 좋은 날씨를 유지한다. 그러나 아침저녁으로 찬 기운의 바람이 불기 때문에 일교차로 감기에 걸리기 쉬우며, 옷차림에 신경 써야 한다.

Festival

> 계절마다 다른 볼거리와 특산품이 있는 제주는 이를 활용하여
> 다양한 축제를 연다. 그중 여행을 더욱 다채롭게 해줄 축제를 꼽아보았다.

January

제주성산일출축제

1월 1일, 지나간 해를 보내고 새로운 해를 맞이하며 열리는 일출 축제이다. 세계자연유산인 아름다운 성산일출봉에서 떠오르는 해를 바라보며 희망찬 새해를 기원한다. 12월 31일에 시작해 1월 1일에 마친다.

April

가파도 청보리 축제

가파도 청보리는 다른 지역보다 2배 이상 길이가 높은 제주 향토 품종이다. 보통 1m가량 자라며, 3월에서 5월 사이 푸르른 빛이 절정에 달한다. 매해 봄마다 18만 평을 가득 채우는 청보리밭이 장관을 이루며, 이를 바탕으로 청보리 축제가 열린다.

October

탐라문화제

1962년부터 시작된 전통과 역사가 있는 축제이다. 제주를 대표하는 문화 축제로, 제주의 향토문화를 알리는 역할을 한다. 제주 도심인 산지천 주변 탐라문화광장에서 열리며 다양한 제주 먹거리와 문화 공연을 선보인다. 매해 10월, 5일 동안 열린다.

March

제주들불축제

제주에서는 겨울마다 들에 가축을 방목해 해묵은 풀을 먹게 했고, 이후 정월대보름 즘에 들불을 피워 해충을 태웠다. 제주들불축제는 이를 재현한 축제로 1997년부터 새별오름에서 열리고 있다. 거대한 오름이 타오르는 현장을 바라보며 다양한 먹거리와 제주의 토속 신앙들을 경험할 수 있다. 축제는 매년 봄 3월 중순쯤 열린다.

June

제주 오픈 국제서핑대회

우리나라 최초로 서핑을 시작한 중문색달해수욕장에서 열리는 국내 최대 서핑대회이다. 원래 제주에서 서핑을 하던 이들이 모여 시작한 서핑 모임이 서핑대회까지 발전했다. 이때 수많은 서퍼들이 바다에서 파도를 타는데, 그 실력이 상당해 즐거운 볼거리가 되어준다. 매해 6월에 열리며, 날짜는 해에 따라 달라진다.

November

최남단모슬포방어축제

제주 바다의 대표 먹거리인 방어를 테마로 한 특산물 축제이다. 제주의 남쪽에 자리한 모슬포항은 방어의 주산지로, 겨울마다 방어잡이가 한창인데 이를 활용해 축제를 만든 것. 매년 11월에 열리며 직접 손으로 방어를 잡아볼 수 있어 많은 관광객이 찾는다.

Transportation

> 어떤 이동수단을 이용해 여행하느냐에 따라 제주의 다른 모습을 볼 수 있다.
> 여행자의 발이 되어 목적지로 데려다줄 교통수단을 소개한다.

비행기 타고 제주 가기

1. 제주국제공항
JEJU INTERNATIONAL AIRPORT
제주에서 가장 번화한 제주시에 자리하고 있다.
시내 바로 옆에 있어, 따로 시내 중심으로 이동할
필요 없이 바로 여행 일정을 시작할 수 있다.
총 4층 규모로 1층은 도착 게이트, 2층은 탑승
게이트, 3층은 출발 게이트, 4층은 음식점들로
구성되어 있다.

2. 제주 취항 항공사

국내선
대한항공, 아시아나항공, 제주항공, 이스타항공, 티웨이,
에어서울, 에어부산, 진에어, 플라이강원, 하이에어,
에어로케이항공 총 11개항공사가 전국 각지에서 제주행
비행기를 운영한다. 제주와 하늘길이 통하는 지역은
김포부터 대구, 울산, 청주, 무안, 광주, 여수, 포항, 양양,
사천, 군산, 횡성/원주까지 다양하다. 보통 운항 시간은
1시간 내외이다.

배 타고 제주 가기

비행기 외에도 배를 타고 가는 방법이 있다.
불과 얼마전 까지만 하더라도 제주를 향하는
배가 남쪽 지역에만 있어 수도권에 거주하는
경우 배편을 이용하기 번거로웠으나 현재
인천에서 제주를 운항하는 배편이 생겨
선택지가 넓어졌다. 그러다 할지라도 13시간이
넘는 긴 이동시간 때문에 자동차, 자전거 등
이동수단이나 큰 짐을 가지고 갈 때 같이 특별한
경우가 아니라면 대부분의 여행객들은 비행기를
이용하는 편이다.여객선 회사, 출발지역 등에
따라 가격과 소요시간이 천차만별이다.

승선 지역: 인천, 여수, 완도, 목포 부산, 고흥, 해남 등
여객선: 비욘드트러스트, 뉴스타, 퀸스타,
한일골드스텔라, 한일레드펄, 한일블루나래,
실버클라우드, 산타루치노, 퀸메리 등

Tip.
자동차 탁송
제주에 차를 가지고 가야 하는 상황에서 쓰는 또
하나의 방법이다. 각 탁송업체에 소속된 기사가
직접 차를 몰고 여객선을 타 원하는 제주 지역으로
차를 배송해준다. 보통 장기간 여행을 하는 이들이
사용하는 방법으로, 직접 배를 타고 가는 것보다
비용은 더 들지만, 편리하다는 장점이 있다.

제주에서 이동하기

1. 렌터카
렌터카 업체에 차를 빌리는 것으로, 제주도에서
가장 많이 이용하는 이동수단이다. 여행 일정이
시작하기 전 미리 인터넷을 통해 차종과 기간,
보험을 체크해 예약한 후 제주에 도착해 업체에
가서 차를 찾아가는 형식이다. 대부분의 렌터카
업체는 제주 공항 근처에 몰려 있으며, 공항
주차장을 오가는 셔틀버스를 10분에서 15분
간격으로 운행한다. 렌트 비용은 여행 시기와
차종에 따라 바뀌며, 변화폭이 크다.

Tip.
렌터카를 예약할 때 보험을 잘 확인할 것! 제주도는
돌담이 쌓인 좁은 골목도 많고, 초보운전자들이
활보하고 다니는 곳이다. 비용을 조금 더 내더라도
보장 범위가 넓은 보험을 드는 것을 추천한다.

2. 택시
과거 제주에서는 유명 관광지가 아닌 이상 택시를
이용하기 힘들었다. 그러나 이제 택시의 수도
늘어나고 택시가 다니는 범위도 넓어져 어디서나
택시를 이용할 수 있다. 카카오택시를 부르거나 각
지역에 해당하는 콜택시를 부르면 된다. 여행자의
위치로 찾아와 원하는 곳까지 안전하게 데려다준다.

3. 버스

2017년, 제주도에서는 뚜벅이 여행자들의 불편함을 줄이기 위하여 제주 전 지역 시내버스화를 실시했다. 그 결과 급행버스, 관광지 순환 버스 운행과 대중교통 우선 차로제를 시행하게 되었다. 제주 전역을 오가는 다양한 버스를 증차해 오래 기다리지 않고도 버스를 타고 이동할 수 있도록 조정하였다.

제주 버스터미널
제주시 서광로 174
064-753-1153
서귀포 버스터미널
서귀포시 일주동로 9217
064-753-0828

제주 버스 종류
시티투어버스를 제외하고 제주의 모든 버스는 일반 교통 카드 및 신용, 체크카드를 사용할 수 있다.

급행버스: 빨강색이며, 100번대의 버스 번호를 가진다. 제주국제공항에서 출발하고 주요 읍내에서 정차한다. 배차 간격은 노선별로 30분부터 70분 정도 사이로 다양하다.

간선버스: 파란색 버스로 제주에서 가장 흔히 만날 수 있는 버스다. 200번대 번호를 갖고 있다. 서쪽, 동쪽 일주도로를 따라 도는 노선과 중산간 쪽으로 오가는 버스 등 제주 전역으로 흩어져 운행한다.

지선버스: 초록색 버스로, 700대 번호이다. 읍·면, 중산간 지역을 다니는 버스로 해안 지역이 아닌 한라산 인근에 자리한 지역을 오간다. 배차 간격이 매우 넓기 때문에 타기 전 버스 어플로 정차 시간을 확인하여 그에 맞춰 움직이는 것이 좋다.

관광지 순환 버스: 노란색으로 800번대 버스이다. 버스로 이동하기 힘들었던 중산간 지역의 명소들만 경유하는 노선이다. 가이드가 상주하고 있어 지역 명소에 대한 설명을 들을 수 있다.

시티투어버스: 파란색으로 칠해진 시티투어버스는 누가 봐도 관광지 버스의 모습을 하고 있다. 제주시와 서귀포시의 주요 장소들을 오간다. 각 정류장에서 티켓 구매가 가능하며, 성인 기준 1회 이용 시 3,000원, 1일 이용 시 1만 2,000원이다.

Tip.
짐 옮김이 서비스
뚜벅이들이 이동할 때 가장 불편한 점은 짐이다. 제주도에는 짐을 옮겨주는 업체들이 존재한다. 일명 짐 옮기기 서비스로, 인터넷으로 신청만 하면 공항에서 숙소로, 숙소에서 숙소로, 숙소에서 공항까지 짐을 옮겨준다. 보통 하루 전에 예약해야 하며, 상황에 따라 당일 예약이 가능하기도 하다. 배송 도중 가방의 실시간 현황을 사진으로 받아볼 수도 있으니 안전하다.

가방을 부탁해 www.gabangplease.com
노코가 www.nokoga.com

4. 스쿠터

렌터카보다 주차하기 용이한 스쿠터는 1인 여행자가 자주 이용하는 이동수단이다. 제주 전역에 대여 업체가 있으며 공항에서 픽업하는 서비스도 제공한다. 초보 운전자의 경우 탑승 전 교육을 해주는 경우도 있다.

5. 자전거

제주도는 해안을 따라 자전거도로인 '제주 환상 자전거길'이 조성되어 있어, 자전거를 타고 다니기에 좋다. 해안을 따라 달리다 보면 섬 한 바퀴를 일주할 수 있다. 234km 거리에, 10개의 코스로 구성된 이 길은 지점마다 인증센터가 있으며 보통 상급자가 라이딩에만 집중하는 경우 1박 2일 정도 걸린다. 자전거는 여행자 본인의 자전거를 직접 가져가는 방법과 제주 내에서 빌려 타는 방법 둘 다 가능하다.

6. 도보(올레길 여행)

도보 여행의 트렌드를 이끈 올레길 여행. 총 425km로, 26개의 정식 코스가 있다. 코스별로 난이도와 보이는 풍경이 다르니 취향에 맞게 골라서 걸으면 된다. 또한 여행자들이 길을 잃지 않도록 길에 리본부터 간세, 플레이트 표시, 화살표 표지판까지 다양한 표기를 해둔다. 때때로 길 상황에 맞게 코스가 살짝 변경되기도 하니 그럴 때면 제주올레 안내소에 확인할 것.

난이도별 올레길 코스
상: 3, 6, 9코스
중: 1, 1-1, 2, 4, 5, 7, 7-1, 8, 10, 11, 12, 13, 14, 15, 16, 17, 18, 19, 20코스
하: 10-1, 14-1, 21코스

★ Main Spot
S Shop
R Restaurant
c Cafe
B Bar
D Dessert
H Hotel

MAP

—

Jeju

Man-design Sulea Lee

1. AROUND JEJU : 제주 근교

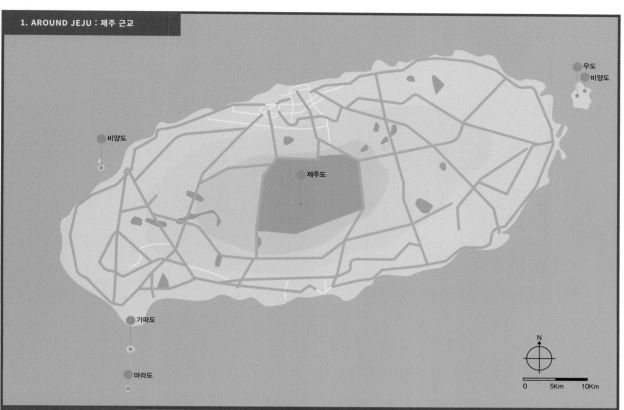

우도
비양도

비양도

제주도

가파도

마라도

N

0　5Km　10Km

2. JEJU : 제주 개괄

동부(조천-성산-표선)

제주시 중심

서부(애월-한림-안덕)

동부(조천-성산-표선)

N

0　5Km　10Km

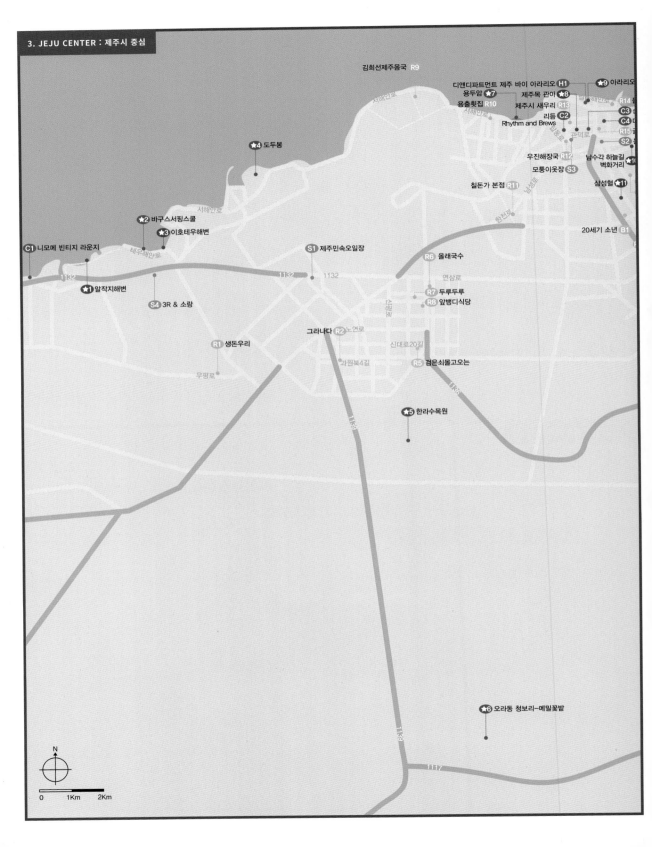

김희선제주몽국 R9

디앤디파트먼트 제주 바이 아라리오 H1
★9 아라리오
용두암 ★7
제주목 관아 ★8
용출횟집 R10
제주시 새우리 R13
R14
리듬
C3
Rhythm and Brews
C2
C4
R15
★4 도두봉
C1 니모메 빈티지 라운지
S2
우진해장국 R12
남수각 하늘길
모퉁이옷장 S3
벽화거리
★10
칠돈가 본점 R11
삼성혈 ★11
★2 바구스서핑스쿨
★3 이호테우해변
20세기 소년 B1
C1 니모메 빈티지 라운지
S1 제주민속오일장
★1 알작지해변
R6 올래국수
S4 3R & 소랑
연삼로
R7 두루두루
R8 앞뱅디식당
그라나다 R2 노연로
R1 생돈우리
신대로20길
과원북4길
R5 검은쇠물고오는
우평로
★5 한라수목원

★6 오라동 청보리-메밀꽃밭

N

0 1Km 2Km

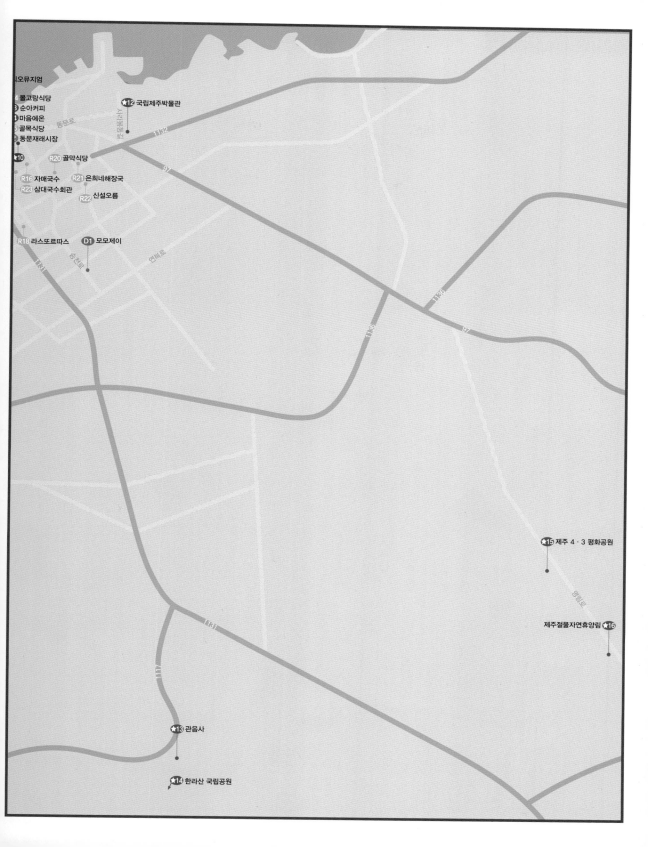

오뮤지엄

① 몰고랑식당
③ 순아커피
① 마음에온
⑤ 골목식당
⑥ 동문재래시장

★10

R20 골막식당

R16 자매국수   R21 은희네해장국
R23 삼대국수회관
         R22 신설오름

R18 라스뜨르따스   D1 모모제이

동문로

산지천로

1132

97

신북로

연북로

하천로

1131

★12 국립제주박물관

1135

97

1135

명림로

★15 제주 4·3 평화공원

제주절물자연휴양림 ★16

1131

제주로

★13 관음사

★14 한라산 국립공원

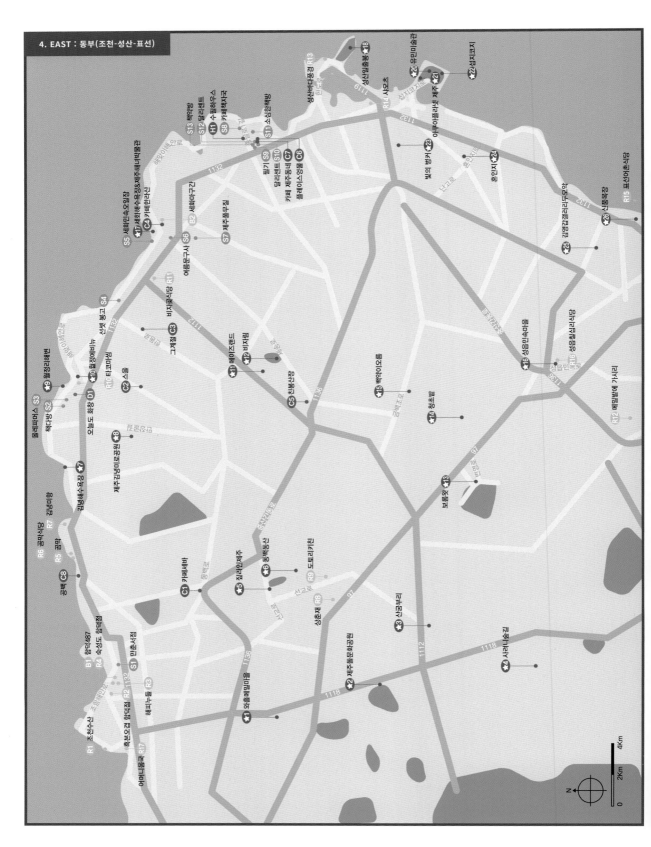

성산바다다용장 R13
성산일출봉 ⭐18
유민미술관 ⭐20
아쿠아플라넷 제주 ⭐19
성지코지 ⭐22
카페한라산 ⭐21

수봉하우스 H1
릴리센트 S12
책방 S13
카페책자국 S9
소심한책방 S11
빛의 벙커 ⭐23
온인지 ⭐24

카페한라산 C4
세화해수욕장&제주해녀박물관 ⭐17
새하민숙오일장 S6
세화바다구미 B2
팝기 S9
딜라센트 S10
달리센트 제주동네 C7
카페 제주동네 C7
플레이스오얼음 C6
김녕갤러리드모하하 R14 사우초
신풍목장 ⭐26
R15 표선어촌식당
⭐25

여름문구사 S6
새하민숙오얼장 S7
제주풀무질 S7

선셋 봉개바 S4
비지롯식당 R1
그계절물림 C3
메이즈랜드 ⭐11
비자림 ⭐12
백아이오름 ⭐15
성읍민속마을 ⭐16
성읍민속원리공원식당 R16
성읍민숙마을
R12 메밀받에 가시리

월정리레변 ⭐9
월정리카페변 S1
티코마섬 R10
스올 C2
키봉산장 C5
청촌납 ⭐14

을베파머스 S3
책다방 S2
제주김녕미로공원 ⭐8
보롬왓 ⭐13

김녕해수욕장 ⭐7
김녕미향 R7

곰막식당 R6
곰마 R5
곰백 C8
신금부리 ⭐3
사려니숲길 ⭐4

함덕487 B1
숙성도 함덕점 R4
만춘서점 S1
카페세바 C1
집라인제주 ⭐5
동백동산 ⭐6
도로리카킨 R9
상춘재 R8
97

조천수산 R1
혹보오름 함덕점 R17
어머니네국 R17
해피누들 R3
해원바메일마을 R2 1132
오즐애빌마을 ⭐1
제주돌문화공원 ⭐2
1118
1112

0 2Km 4Km
N

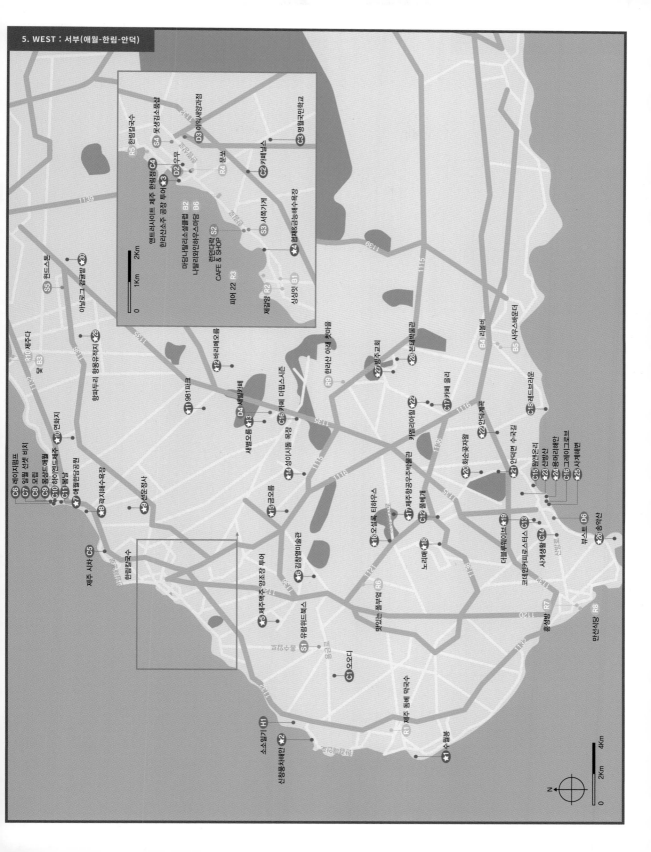

R5 한림칼국수
S4 옷장리소품샵
D3 이아엥감귤농장
C3 명월국민학교
R5 한림칼국수 C4
D2 우무
R4 문쏘
C2 카페밀스
마담나틸리소설클럽 B2
한라산소주 공장 투어 ★3
나틸리와인&하우스미담 B6
엔트러사이트 제주 한림점 ★3
런인더락 S2
S3 서쪽가게
CAFE & SHOP
★4 협재&금능해수욕장
파이 22 R3
제클링앙 R2
B1 상상이

S5 윈드스톤 ★30
R10 제주디
B3 밧
아늑로그 한동유적지 ★29
★12 버려메오름
★11 981피크
R9 한라산 아래 첫마을
★27 방주교회
★28 본태박물관
B4 리틀빔
B5 시우스베이커리
C6 레이지펌프
C7 일월 선샛 비치
C8 모립
C9 용삼도해월
C10 하이엔드제주
C11 롱글
★7 애월항만공원
★8 곽지해수욕장
★9 선운정사
★10 연화지
★13 세별키페
★16 카페 더림스시즌
D4 세별키페
★14 성이시돌 목장
★15 금오름
★17 제주항공우주박물관
★18 노리메
C12 돔베개
★20 화순곶자왈
★22 카멜리아힐
C17 카페 을리
★21 안덕 수국길
★23 산방산
C15 명월온리
C14 용머리해안
★24 용머리해안
C16 카페이야기
★25 사계해변
C18 레드라이트
B6 루주그리드
D6 송아산
★26 송아산
★5 제주베주 양조장 투어
★6 김왕영미술관
B1 코데인카페로스티스
D5 사계생활
C13 더블리이슬비
★19 코데인카페로스티스
R6 맛있는 불부임
S1 유람위드북스
R7 홍잎방
C1 오우디
R8 만선식당
R1 제주 동베 미국수
소소일기 (H)
★2 신창풍차해안
★1 수월봉
★1 수월봉

한림칼국수
제주 시차 C5

6. SEOGIWPO CENTER 서귀포 중심

모드카페 C6

1118

1119

1136

부원엽포구상담 R7

남원큰엽 R6

큰엽해안경승지 ★22

그러운맨제주 C7

여행가게 & 연필가게 S4

제주동백수목원 ★21

위메미동백군락지 ★20

오리로 C8

하례정원 R4

휴메리자연생활공원 ★19

신레동로

신레고드리

인디고트리 R4

쇠소깍 ★17

서양자관 C5

오르바 C4

베케 C3

1132

돈네코계곡 ★12

제주향토오일시장 S1

원동미술관 ★16

하니문하우스 C2

돌빼금로

북타이 S2

88버거 R4

정방폭포 ★13

중성미술관 ★14

이중섭거리 ★15

유동카페 C1

제리스럼 B2

한라산 국립공원 ★7

1131

서귀포매일올레시장 S3

중이식당 R3

천지연폭포 ★10

가든미술관 ★9

황우지 해안 ★11

1100고지 ★6

쏠라리움영 R2

엉포포 ★8

1136

1132

VolsKafe D1

1135

제주서핑스쿨 ★2

에미지사물원 1136

천지연폭포 ★4

두크사피베스트로 R1

대포주상절리 ★5

더블리프 B1

중문색달해변 ★1

N

0 2Km 4Km

7. UDO 우도

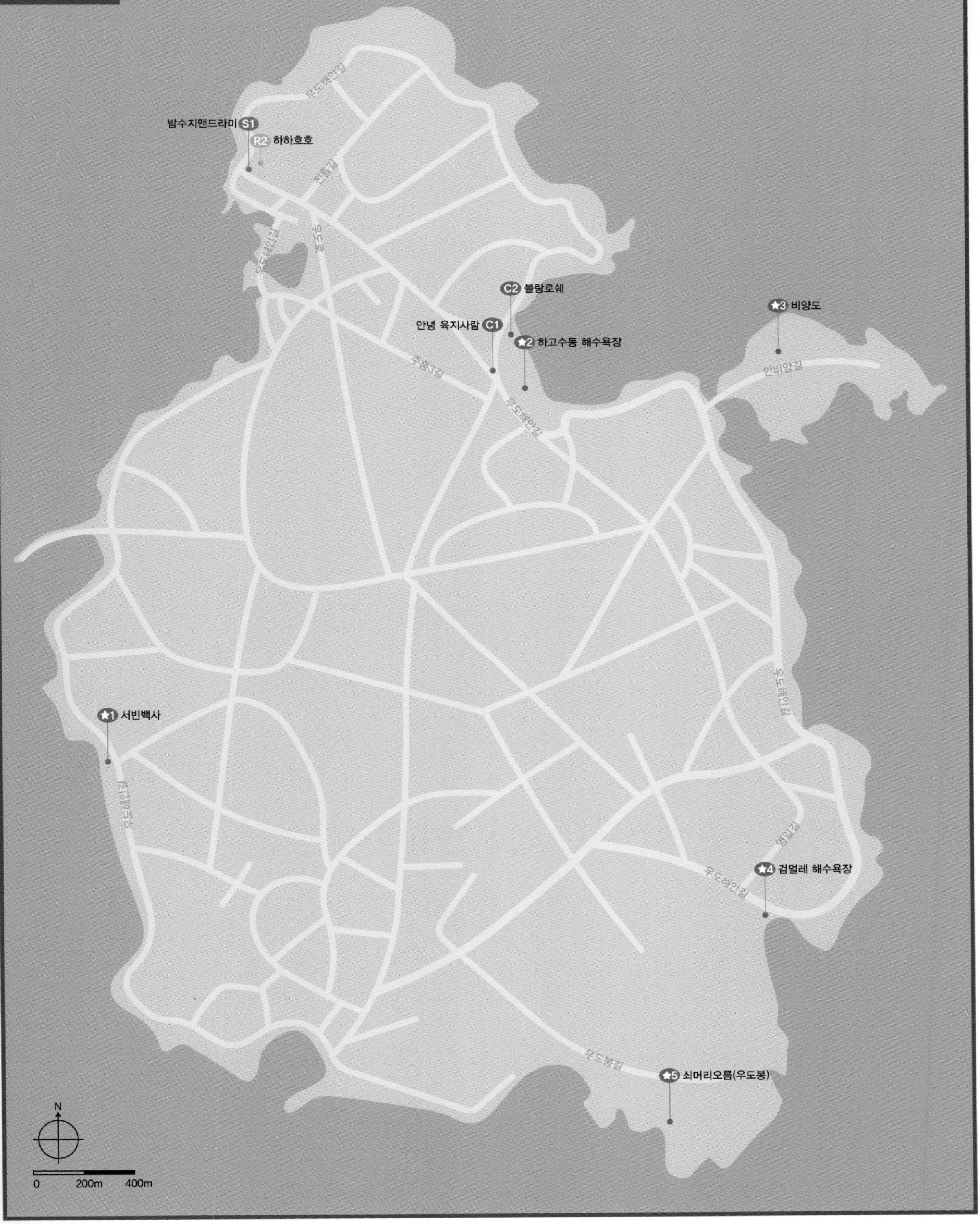

밤수지맨드라미 S1
R2 하하호호
C2 블랑로쉐
안녕 육지사람 C1
★2 하고수동 해수욕장
★3 비양도
★1 서빈백사
★4 검멀레 해수욕장
★5 쇠머리오름(우도봉)
우도해안길
전흘길
주흥3길
안비양길
영일길
우도봉길
N
0
200m
400m

Writer
이지앤북스 편집팀

Publisher
송민지 Minji Song

Managing Director
한창수 Changsoo Han

Editors
황정윤 Jeongyun Hwang
차기열 Giyeul Cha

Designers
김혜진 Hyejin Kim
김영광 Youngkwang Kim

Illustrators
김조이 kimjoyyyy
이설이 Sulea Lee

Publishing
도서출판 피그마리온

Brand
EASY&BOOKS
EASY&BOOKS는 도서출판 피그마리온의 여행 출판 브랜드입니다.

EASY & BOOKS

트래블 콘텐츠 크리에이티브 그룹 이지앤북스는
2001년 창간한 <이지 유럽>을 비롯해, <트립풀> 시리즈 등
북 콘텐츠를 메인으로 다양한 여행 콘텐츠를 선보입니다.
또한, 작가, 일러스트레이터 등과의 협업을 통해 여행 콘텐츠
시장의 선순환 구조를 만드는 데 이바지하고 있습니다.

EASY & LOUNGE

이지앤북스에서 운영하는 여행콘텐츠 라운지 '늘NEUL'은 책과 커피,
여행이 함께하는 공간입니다. 큐레이션 도서와 소품, 다양한 이벤트를
통해 일상을 여행의 설렘으로 가득 채워 보세요.

서울 영등포구 선유로55길 11 1층
www.instagram.com/neul_lounge

Tripful

Issue No.18

979-11-91657-07-4
ISBN 979-11-85831-30-5(세트)
ISSN 2636-1469
등록번호 제313-2011-71호 등록일자 2009년 1월 9일
초판 1쇄 발행일 2020년 6월 24일
개정 1쇄 발행일 2022년 7월 15일

서울시 영등포구 선유로 55길 11, 6층 TEL 02-516-3923
www.easyand.co.kr

Copyright © EASY&BOOKS
EASY&BOOKS와 저자가 이 책에 관한 모든 권리를 소유합니다.
본사의 동의 없이 이 책에 실린 글과 사진, 그림 등을 사용할 수 없습니다.

www.easyand.co.kr
www.instagram.com/tripfulofficial
blog.naver.com/pygmalionpub

1 FUKUOKA

2 CHIANGMAI

3 VLADIVOSTOK
Out of print book

4 OKINAWA

5 KYOTO

6 PRAHA

7 LONDON

8 BERLIN

9 AMSTERDAM

10 ITOSHIMA

11 HAWAII

12 PARIS

13 VENEZIA

14 HONGKONG

15 VLADIVOSTOK

16 HANOI

17 BANGKOK

18 JEJU

19 HONGDAE, YEONNAM, MANGWON

20 WANJU

21 NAMHAE

22 GEOJE

23 HADONG

24 JEONJU

EASY SERIES **Since 2001** Travel Guide Book Series

EASY EUROPE
이지유럽

EASY RUSSIA
이지러시아

EASY EUROPE SELECT5
이지동유럽5개국

EASY SIBERIA
이지시베리아

EASY SPAIN
이지스페인

EASY EASTERN EUROPE
이지동유럽

EASY CUBA
이지쿠바

EASY CITY BANGKOK
이지시티방콕

EASY SOUTH AMERICA
이지남미

EASY CITY DUBAI
이지시티두바이

EASY GEORGIA
이지조지아

EASY CITY TOKYO
이지시티도쿄